"十二五"职业教育国家规划教材
经全国职业教育教材审定委员会审定

21世纪高职高专电子信息类规划教材

U0271186

路由交换
技术及应用（第2版）

孙秀英 主编

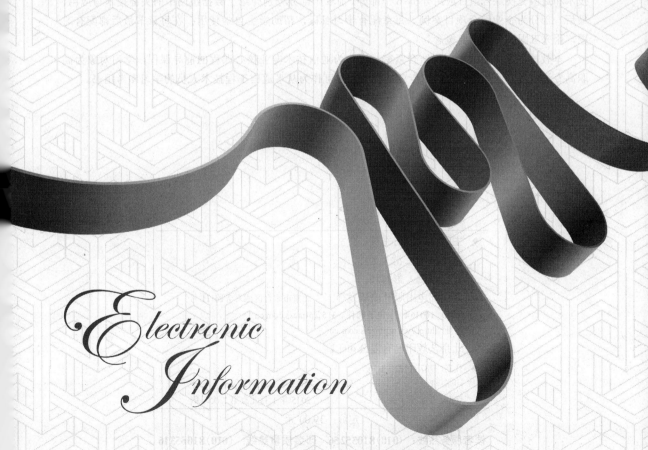

Electronic Information

人民邮电出版社
北京

图书在版编目（CIP）数据

路由交换技术及应用 / 孙秀英主编. -- 2版. -- 北京：人民邮电出版社，2015.1
21世纪高职高专电子信息类规划教材
ISBN 978-7-115-36244-5

Ⅰ. ①路… Ⅱ. ①孙… Ⅲ. ①计算机网络－路由选择－高等职业教育－教材②计算机网络－信息交换机－高等职业教育－教材 Ⅳ. ①TN915.05

中国版本图书馆CIP数据核字(2014)第197485号

内容提要

本书依据通信现网岗位典型工作案例选取教材内容，设计了路由交换技术组网综合实训项目，并围绕综合实训项目设计相关技术理论，构建"理实一体化"课程资源。本书突出高职高专职业教育的特点，注重技能培养，采用图文并茂的方式表述抽象的技术理论，通俗易懂，便于学习。

本书内容包含"数据通信基础、交换技术与应用、路由技术与应用、广域网技术基础、网络安全技术和路由交换综合项目应用分析"6个部分。前5个部分分别介绍了数据组网中的关键技术与应用，最后一部分为企业综合项目案例。每章配有学习目标，帮助学生自学使用；在每章节最后都配有习题，用来巩固和应用重要概念。

本教材与通信网技术应用结合紧密，可作为通信技术专业核心课程的前导课程，学习对象为高职高专通信类专业和计算机网络专业的学生，也可作为从事通信工程技术人员的学习参考用书。

◆ 主　　编　孙秀英
责任编辑　滑　玉
责任印刷　彭志环

◆ 人民邮电出版社出版发行　　北京市丰台区成寿寺路 11 号
邮编　100164　电子邮件　315@ptpress.com.cn
网址　http://www.ptpress.com.cn
北京艺辉印刷有限公司印刷

◆ 开本：787×1092　1/16
印张：15　　　　　　　　2015 年 1 月第 2 版
字数：374 千字　　　　　2015 年 1 月北京第 1 次印刷

定价：39.00 元

读者服务热线：(010)81055256　印装质量热线：(010)81055316
反盗版热线：(010)81055315

随着三网融合业务的推进，IP 技术成为了互联网、电信网和广电网技术交互的核心，在高职通信类专业，路由交换技术与应用是一门专业基础课程。它是 EPON 光接入技术、NGN 软交换技术及 LTE 移动通信等专业课程的前导课程，在人才培养过程中起到承上启下的关键作用。

本书是通信技术国家重点专业建设项目成果之一，也是教育部"十二五"职业教育国家规划教材。本书按照教育部"十二五"规划教材的要求进行完善修订和梳理，遵循工学结合的教育理念，将行业企业标准融入教材内容中，将通信职业技能鉴定要求嵌入到教学目标中。书中项目设计以通信网运行维护岗位需求为目标，以通信网真实项目为载体表现内容，将各知识点和操作流程融入到各个项目中，突出实践技能培养。

教材编写体现了"以赛促教，以赛促学，实施技能人才培养"教育教学改革理念。编写团队成员在一线教学工作过程中，积累了较为有效的实践技能培养经验。教材中的项目训练内容来自于 2009 年全国职业技能大赛"3G 基站建设维护与数据网组建"、2011 年"三网融合与网络优化"和 2013 年"LTE 组网与维护"竞赛辅导讲义，正是通过这些项目实际训练，三届技能大赛均取得团体第一名的好成绩。作者所在院校——淮安信息职业技术学院蝉联三届高职通信类专业全国职业技能大赛竞赛团体冠军。

根据第 1 版教材的使用情况，本书在结构上做了优化调整，进一步完善了教材结构，增加了应用实训方面的内容，以方便实施一体化教学。

新版教材内容与通信网现网技术应用结合更为紧密。一方面，增加了 IPv6 地址内容和防火墙技术应用，使教材内容与 IP 技术发展同步；另一方面，教材内容编排上按照项目应用场景进行系统化设计，即将交换机硬件知识部分放在交换技术应用项目中，路由器硬件知识放在路由技术应用项目中，体现所学即所用的原则；最后，新版教材附录中汇集了华为、中兴和思科等不同厂家交换机与路由器的相关配置命令，可以对不同厂家设备配置命令的进行对比查询学习，使教材更加人性化，实用性更强。

本书的参考学时为 60～90 学时，建议采用理论实践一体化教学方式，各章的参考学时见下面的学时分配表。

学时分配表

篇　　章	课 程 内 容	学　　时
第一篇	数据通信技术基础	10
第二篇	交换技术与应用	10～20
第三篇	路由技术与应用	16～28
第四篇	广域网技术	8～12
第五篇	网络安全技术	6～8
第六篇	综合项目应用	10～12
课时总计		60～90

新版教材由孙秀英主编，并负责教材内容选取及统稿和第二篇编写，史红彦负责校稿及

第五篇和第六篇编写，束美其负责第一篇编写，朱东进负责第三篇编写及相关实训项目测试，郭诚负责第四篇编写和实训项目编排和校稿，董进负责实训项目测试与验证。在编写过程中，得到了华为网络技术学院和南京嘉环科技有限公司的大力支持，这里一并表示诚挚的感谢！

对于书中的疏漏和不妥之处，恳请读者提出宝贵建议，联系方式：sallysun167@sina.com

编　者

目 录

第一篇　数据通信技术基础

第1章　数据通信概述 ………… 2

1.1　数据通信的定义 ………… 2
1.2　数据通信系统的构成 ………… 3
1.3　数据通信的交换方式 ………… 4
1.4　数据通信工作方式 ………… 4
1.5　数据通信方式分类及特点 ……… 5
　1.5.1　有线数据通信 ………… 5
　1.5.2　无线数据通信 ………… 6
1.6　数据通信网络常用传输介质种
　　　类和特性 ………… 6
　1.6.1　双绞线 ………… 6
　1.6.2　同轴电缆 ………… 7
　1.6.3　光纤 ………… 7
　1.6.4　无线传输媒体 ………… 8
　1.6.5　传输媒体的选择 ………… 8
1.7　数据通信基本传输方式 ……… 9
1.8　数据通信基本概念中的常
　　　用术语 ………… 9
习题 ………… 10

第2章　网络基础 ………… 11

2.1　计算机网络的定义 ………… 11
2.2　计算机网络的分类 ………… 12
2.3　网络拓扑 ………… 12
2.4　主要的国际标准化机构 ……… 13
2.5　OSI 参考模型 ………… 15
　2.5.1　计算机网络体系结构
　　　　　概述 ………… 15
　2.5.2　OSI 参考模型的层次
　　　　　结构 ………… 16
习题 ………… 18

第3章　TCP/IP 协议族与
　　　　　子网划分 ………… 19

3.1　TCP/IP 协议族的起源 ……… 19
3.2　TCP/IP 协议族与 OSI 参考模型
　　　比较 ………… 19
3.3　报文的封装与解封装 ……… 20
　3.3.1　OSI 的数据封装过程 …… 20
　3.3.2　TCP/IP 协议族的数据封装
　　　　　过程 ………… 21
3.4　TCP/IP 协议族 ………… 22
3.5　传输层协议 ………… 23
　3.5.1　传输控制协议 ………… 23
　3.5.2　用户报文协议 ………… 26
3.6　网络层协议 ………… 27
　3.6.1　IP ………… 27
　3.6.2　ICMP ………… 29
　3.6.3　ARP 的工作机制 ……… 29
　3.6.4　RARP 的工作机制 …… 30
3.7　IPv4 地址 ………… 30
3.8　IPv6 地址 ………… 32
　3.8.1　IPv6 地址简介 ………… 32
　3.8.2　IPv6 地址类型 ………… 33
　3.8.3　IPv4 和 IPv6 比较 …… 34
3.9　变长子网掩码 VLSM 技术 …… 35
习题 ………… 37

第4章　常用网络通信设备 …… 39

4.1　常用网络通信设备介绍 ……… 39
4.2　交换机的基本配置 ………… 41
　4.2.1　交换机配置环境搭建 …… 41
　4.2.2　VRP 配置基础 ………… 43
4.3　路由器的基本配置 ………… 46
　4.3.1　路由器配置环境搭建 …… 46
　4.3.2　命令模式 ………… 48

4.3.3 在线帮助 ……………… 49
4.4 网络设备基本配置实例 …… 51
习题 …………………………… 55

第二篇 交换技术与应用

第5章 以太网交换技术 ……… 57
5.1 局域网基础 ………………… 57
5.1.1 局域网简介 …………… 57
5.1.2 以太网的发展历史 …… 58
5.1.3 以太网常见传输介质 … 59
5.2 以太网原理 ………………… 61
5.2.1 MAC 地址 ……………… 61
5.2.2 以太网帧格式 ………… 62
5.2.3 传统以太网 …………… 63
5.2.4 交换式以太网 ………… 64
习题 …………………………… 67

第6章 生成树协议技术 ……… 68
6.1 STP 的产生 ………………… 68
6.2 STP 的基本原理 …………… 70
6.3 STP 端口状态 ……………… 73
6.4 STP 配置实例 ……………… 74
习题 …………………………… 76

第7章 虚拟局域网 …………… 77
7.1 VLAN 概述 ………………… 77
7.2 VLAN 的划分方式 ………… 78
7.3 VLAN 的运作 ……………… 80
7.4 VLAN 端口类型 …………… 82
7.5 VLAN 的基本配置 ………… 84
7.6 VLAN 配置实例 …………… 85
习题 …………………………… 86

第8章 VLAN 典型应用实例 … 87
8.1 端口聚合技术原理与配置 … 87
8.1.1 端口聚合技术原理 …… 87
8.1.2 端口聚合配置实例 …… 89
8.2 PVLAN 技术与配置 ……… 91
8.2.1 PVLAN 技术原理 …… 91

8.2.2 PVLAN 配置实例 …… 92
8.3 QinQ 技术与配置 ………… 93
8.3.1 QinQ 技术原理 ……… 93
8.3.2 QinQ 配置实例 ……… 94
8.4 SuperVLAN 原理与配置 … 95
8.4.1 SuperVLAN 原理 …… 95
8.4.2 SuperVLAN 配置实例 … 95
习题 …………………………… 97

第三篇 路由技术与应用

第9章 路由基础 ……………… 99
9.1 路由与路由器 ……………… 99
9.2 路由原理 …………………… 100
9.3 路由的来源 ………………… 102
9.3.1 路由的分类 …………… 102
9.3.2 静态路由配置实例 …… 106
9.3.3 默认路由配置实例 …… 108
9.4 路由的优先级 ……………… 109
9.5 路由的度量值 ……………… 111
9.6 VLAN 间通信 ……………… 112
9.6.1 VLAN 间通信方式 …… 112
9.6.2 单臂路由配置实例 …… 114
9.6.3 三层交换配置实例 …… 116
9.7 动态路由协议基础 ………… 117
9.7.1 概述 …………………… 117
9.7.2 动态路由协议的分类 … 118
9.7.3 动态路由协议的性
能指标 …………………… 119
习题 …………………………… 119

第10章 RIP …………………… 120
10.1 RIP 概述 …………………… 120
10.2 RIP 工作过程 ……………… 120
10.3 RIP 配置实例 ……………… 121
习题 …………………………… 123

第11章 OSPF 协议 …………… 124
11.1 OSPF 概述 ………………… 124
11.2 OSPF 协议工作过程 ……… 125

11.3 OSPF 协议报文 ·············· 127
11.4 OSPF 网络类型 ·············· 128
11.5 OSPF 区域 ··················· 129
11.6 路由引入 ····················· 130
11.7 OSPF 单区域配置实例 ······· 132
11.8 OSPF 多区域配置实例 ······· 134
习题 ······························· 136

第四篇 广域网技术

第 12 章 HDCL 在广域网中
　　　　　 的应用 ·················· 138
12.1 HDLC 协议 ·················· 138
12.2 HDLC 配置实例 ············· 139
习题 ······························· 140

第 13 章 PPP ····················· 141
13.1 PPP 概述 ···················· 141
13.2 PPP 工作流程 ··············· 141
13.3 PPP 的认证 ················· 142
13.4 PPPoE 协议 ················· 143
13.5 PPP 配置实例 ··············· 144
习题 ······························· 146

第 14 章 帧中继协议 ············· 147
14.1 帧中继协议概述 ············· 147
14.2 帧中继协议的帧结构 ········· 148
14.3 帧中继协议的带宽管理 ······· 149
14.4 帧中继协议 DLCI 的分配 ···· 150
14.5 帧中继协议的寻址 ··········· 150
14.6 帧中继配置实例 ············· 151
习题 ······························· 152

第五篇 网络安全技术

第 15 章 访问控制列表 ··········· 155
15.1 ACL 概述 ···················· 155
15.2 ACL 的工作原理 ············· 156
15.3 通配符掩码 ·················· 157
15.4 ACL 匹配顺序 ··············· 158

15.5 ACL 配置实例 ··············· 158
习题 ······························· 160

第 16 章 DHCP 技术 ············· 161
16.1 DHCP 概述 ·················· 161
16.2 DHCP 的组网方式 ··········· 161
16.3 DHCP 报文 ·················· 163
16.4 DHCP 工作过程 ············· 163
16.5 DHCP 配置实例 ············· 165
习题 ······························· 167

第 17 章 NAT 技术 ··············· 168
17.1 NAT 概述 ···················· 168
17.2 基本地址转换 ················ 168
17.3 网络端口地址转换 ··········· 169
17.4 NAT 配置实例 ··············· 170
习题 ······························· 171

第 18 章 防火墙技术 ············· 172
18.1 防火墙概述 ·················· 172
18.2 防火墙的安全区域 ··········· 173
18.3 防火墙配置实例 ············· 175
习题 ······························· 177

第六篇 综合项目应用

第 19 章 综合项目应用分析 ······· 179
19.1 网络基础部分项目实现 ······· 181
　19.1.1 网络地址规划 ··········· 181
　19.1.2 熟悉网络设备基本配置 ··· 183
19.2 局域网的组建部分项目实现 ··· 185
　19.2.1 VLAN 的配置与实现 ····· 187
　19.2.2 端口聚合配置与实现 ····· 189
　19.2.3 STP 的配置与实现 ······· 193
　19.2.4 单臂路由的配置与实现 ··· 195
　19.2.5 三层交换的配置与实现 ··· 197
19.3 路由配置与实现 ············· 199
　19.3.1 静态路由的配置与实现 ··· 199
　19.3.2 缺省路由的配置与实现 ··· 201
　19.3.3 RIP 路由的配置与实现 ·· 202

19.3.4 OSPF 单区域配置与
实现 ……………………204

19.3.5 OSPF 多区域的配置与
实现 ……………………205

19.3.6 OSPF 路由引入的配置与
实现 ……………………206

19.3.7 VRRP 的配置与实现 …209

19.4 网络安全技术的实现 …………211

19.4.1 DHCP 的配置与实现 …211

19.4.2 防火墙 NAT 的配置与
实现 ……………………213

19.5 广域网知识实践 ………………215

19.5.1 HDLC 互连的配置与
实现 ……………………215

19.5.2 PPP 互连的配置与实现 …216

19.5.3 帧中继协议简单业务的
配置与实现 ……………217

附录　路由与交换技术命令集 ……219

参考文献 ……………………………232

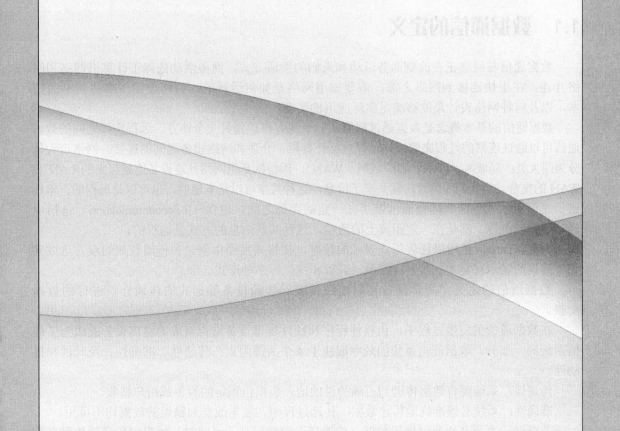

第一篇
数据通信技术基础

第 1 章

数据通信概述

【学习目标】

理解数据通信的概念

掌握数据通信的构成原理（重点）

理解数据通信的交换方式（难点）

掌握数据通信的工作方式

熟悉数据通信方式分类及特点（重点）

熟悉数据通信网络常用传输介质种类和特性（重点）

理解数据通信基本传输方式

关键词：数据通信；交换方式；传输介质；传输方式

1.1 数据通信的定义

数据通信与网络正在改变商务活动和人们的生活方式。商务活动依赖于计算机网络和网络互连，在更快连接到网络之前，需要知道网络是如何运转的，网络使用了哪些类型的技术，以及何种网络设计最能够满足实际应用的需要。

数据通信的基本概念是数据通过网络从一个地方传送到另一个地方。远程实体之间的数据通信可以通过连网的过程完成，该过程包括计算机、介质和网络设备之间的连接。网络可大体分为两大类：局域网（LAN）和广域网（WAN）。因特网是由网络互连设备连接起来的 LAN 和 WAN 的集合。当我们通信时，就共享了信息，这种共享可以是本地的，也可以是远程的。本地通信是面对面发生的，远程通信发生在一定的距离之间。电信（Teleconmunication）包括电话、电报和电视，都是在一定距离上的通信，这种共享信息的方式是远程的。

数据（Data）是指以任何形式表示的信息，该格式需经由创建和使用数据的双方达成共识。数据的表示有文本、数字、图像、音频和视频等多种形式。

数据通信的定义：两台设备之间通过线缆、传输设备等形式的传输介质进行的数据交换。

在数据通信的发生过程中，由软件程序和硬件物理设备结合组成的通信设备就成为了通信系统的一部分。数据通信系统的效率取决于 4 个关键因素：传递性、准确性、及时性和抖动性。

传递性：系统要将数据传送到正确的目的地，数据由预定的设备或用户接收。

准确性：系统必须准确地传递数据，传递过程中，发生改变和错误的数据均不可用。

及时性：系统必须及时传递数据，传递延误的数据是不可用的。如视频和音频数据在数据产生时就及时传递数据，所传递数据的顺序和产生时的顺序是相同的，没有明显的延迟。

这种传递称为实时传输。

抖动性：指分组到达时间的变化。如音频和视频的分组在传递过程中延迟各不相同。如每 30ms 发送一个视频的分组，其中某些分组延时 30ms，而另一些分组延时 40ms，就会引起视频不均匀的后果。

1.2 数据通信系统的构成

一个完整的数据通信系统由报文、发送方、接收方、传输介质和协议 5 个部分组成，如图 1-1 所示。

（1）报文（Message）是进行通信的信息（数据），可以是文本、数字、图片、声音、视频等信息形式。

（2）发送方（Sender）是指发送数据报文的设备，可以是计算机、工作站、手机、摄像机等。

（3）接收方（Receiver）是指接收报文的设备，可以是计算机、工作站、手机、电视等。

图 1-1 数据通信系统的 5 个组成部分

（4）传输介质（Transmission Medium）是报文从发送方到接收方之间所经过的物理通路，可以是双绞线、同轴电缆、光纤和无线电波等。

（5）协议（Protocol）是管理数据通信的一组规则，它表示通信设备之间的一组约定。如果没有协议，即使两台设备在物理上是连通的，也不能实现相互通信。

比较典型的数据通信系统硬件组成主要包括数据终端设备、数据电路、计算机系统 3 部分，如图 1-2 所示。

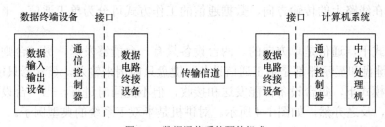

图 1-2 数据通信系统硬件组成

在数据通信系统中，用于发送和接收数据的设备称为数据终端设备，简称 DTE。DTE 可能是大、中、小型计算机和 PC 机，也可能是一台只接收数据的打印机，所以说 DTE 属于用户范畴，其种类繁多，功能差别较大。从计算机和计算机通信系统的观点来看，终端是输入/输出的工具；从数据通信网络的观点来看，计算机和终端都称为网络的数据终端设备，简称终端。

用来连接 DTE 与数据通信网络的设备称为数据电路终接设备，简称 DCE，可见该设备为用户设备提供入网的连接点。DCE 的功能就是完成数据信号的变换。因为传输信道可能是模拟的，也可能是数字的，DTE 发出的数据信号不适合信道传输，所以要把数据信号变成适合信道传输的信号。

数据电路由传输信道和数据电路终接设备 DCE 组成，如果传输信道为模拟信道，DCE 通常就是调制解调器，它的作用是进行模拟信号和数字信号的转换；如果传输信道为数字信道，DCE 的作用是实现信号码型与电平的转换，以及线路接续控制等。传输信道除有模拟和数字的区分外，还有有线信道与无线信道、专用线路与交换网线路之分。

数据链路是在数据电路已建立的基础上，通过发送方和接收方之间交换"握手"信号，使双方确认后方可开始传输数据的两个或两个以上的终端装置与互连线路的组合体。

1.3　数据通信的交换方式

通常数据通信有以下 3 种交换方式：

（1）电路交换。电路交换是指两台计算机或终端在相互通信时，使用同一条实际的物理链路。通信中自始至终使用该链路进行信息传输，且不允许其他计算机或终端同时共享该电路。

（2）报文交换。报文交换是将用户的报文存储在交换机的存储器中（内存或外存），当所需输出电路空闲时，再将该报文发往需接收的交换机或终端。这种存储转发的方式可以提高中继线和电路的利用率。

（3）分组交换。分组交换是将用户发来的整份报文分割成若干个定长的数据块（称为分组或打包），将这些分组以存储转发的方式在网内传输。第一个分组信息都连有接收地址和发送地址的标识。在分组交换网中，不同用户的分组数据均采用动态复用的技术传送，即网络具有路由选择，同一条路由可以有不同用户的分组在传送，所以线路利用率较高。

1.4　数据通信工作方式

按照数据在线路上的传输方向，数据通信的工作方式可分为单工通信、半双工通信与全双工通信。

在单工模式下，通信是单方向的。两台设备只有一台能够发送，另一台则只能接收，如图 1-3 所示。键盘和显示器都是单工通信设备。键盘只能用来输入，显示器只能接收输出。

在半双工模式下，每台设备都能发送和接收，但不能同时进行，当一台设备发送时，另一台只能接收，反之亦然，如图 1-4 所示。对讲机是半双工系统的典型例子。

图 1-3　单工通信　　　　　　　　　　　　　　图 1-4　半双工通信

在全双工模式下，通信双方都能同时接收和发送数据，如图 1-5 所示。电话网络是典型的全双工例子。

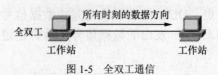

图 1-5　全双工通信

1.5 数据通信方式分类及特点

1.5.1 有线数据通信

1. 数字数据网

数字数据网（DDN）由用户环路、DDN 节点、数字信道和网络控制管理中心组成。DDN 是利用光纤或数字微波、卫星等数字信道和数字交叉复用设备组成的数字数据传输网。也可以说 DDN 是把数据通信技术、数字通信技术、光迁通信技术以及数字交叉连接技术结合在一起的数字通信网络。数字信道应包括用户到网络的连接线路，即用户环路的传输也应该是数字的，但实际上也有普通电缆和双绞线，只不过传输质量低一些。DDN 的主要特点为：

（1）传输质量高、误码率低、传输信道的误码率要求低。

（2）信道利用率高。

（3）要求全网的时钟系统保持同步，才能保证 DDN 电路的传输质量。

（4）DDN 的租用专线业务的速率可分为 2.4～19.2kbit/s，$N×64$kbit/s（$N=1～32$）；用户入网速率最高不超过 2.048 Mbit/s。

（5）DDN 时延较小。

2. 分组交换网

分组交换网（PSPDN）是以 CCITT X.25 建议书为基础的，所以又称为 X.25 网。它是采用存储-转发方式，将用户送来的报文分成具用一定长度的数据段，并在每个数据段上加上控制信息，构成一个带有地址的分组组合群体，在网上传播。分组交换网最突出的优点是在一条电路上同时可开放多条虚通路，为多个用户同时使用，网络具有动态路由选择功能和先进的误码检错功能，但网络性能较差。

3. 帧中继网

帧中继网络通常由帧中继存取设备、帧中继交换设备和公共帧中继服务网 3 部分组成。帧中继网是从分组交换技术发展起来的。帧中继技术是把不同长度的用户数据组均包封在较大的帧中继帧内，加上寻址和控制信息后在网上传输。其功能特点为：

（1）使用统计复用技术，按需分配带宽，向用户提供共享的网络资源，每一条线路和网络端口都可由多个终点按信息流共享，大大提高了网络资源的利用率。

（2）采用虚电路技术，只有当用户准备好数据时，才把所需的带宽分配给指定的虚电路，而且带宽在网络里是按照分组动态分配，因而适合于突发性业务的使用。

（3）帧中继只使用了物理层和链路层的一部分来执行其交换功能，利用用户信息和控制信息分离的 D 信道连接来实施以帧为单位的信息传送，简化了中间节点的处理。帧中继采用了可靠的 ISDN D 信道的链路层（LAPD）协议，将流量控制、纠错等功能留给智能终端去完成，从而大大简化了处理过程，提高了效率。当然，帧中继传输线路质量要求很高，其误码率应小于 10^{-8}。

（4）帧中继通常的帧长度比分组交换长，达到 1024～4096 字节/帧，因而其吞吐量非常高，其所提供的速率为 2.048Mbit/s。用户速率一般为 9.6kbit/s、14.4 kbit/s、19.2 kbit/s、$N×$64kbist/s（N=1～31），以及 2.048Mbit/s。

（5）帧中继没有采用存储-转发功能，因而具有与快速分组交换相同的一些优点。其时延小于 15ms。

1.5.2　无线数据通信

无线数据通信也称移动数据通信，它是在有线数据通信的基础上发展起来的。有线数据通信依赖于有线传输，因此只适合于固定终端与计算机或计算机之间的通信。而移动数据通信是通过无线电波的传播来传送数据的，因而有可能实现移动状态下的移动通信。狭义地说，移动数据通信就是计算机间或计算机与人之间的无线通信。它通过与有线数据网互联，把有线数据网路的应用扩展到移动和便携用户。

1.6　数据通信网络常用传输介质种类和特性

传输媒体是通信网络中发送方和接收方之间的物理通路。计算机网络中采用的传输媒体可分为有线和无线两大类。双绞线、同轴电缆和光纤是常用的 3 种有线传输媒体；无线电通信、微波通信、红外通信以及激光通信的信息载体都属于无线传输媒体。

传输媒体的特性对网络数据通信质量有很大影响，这些特性包括。

（1）物理特性：说明传输媒体的特征。

（2）传输特性：包括信号形式、调制技术、传输速率及频带宽度等内容。

（3）连通性：采用点到点连接还是多点连接。

（4）地理范围：指网上各点间的最大距离。

（5）抗干扰性：主要指防止噪音、电磁干扰对数据传输影响的能力。

（6）相对价格：主要指以元件、安装和维护的价格为基础。

下面分别介绍几种常用的传输媒体的特性。

1.6.1　双绞线

双绞线由螺旋状扭在一起的两根绝缘导线组成，线对扭在一起可以减少相互间的辐射电磁干扰。双绞线是最常用的传输媒体，早就用于电话通信中的模拟信号传输，也可用于数字信号的传输。对双绞线的特性介绍如下所述。

（1）物理特性：双绞线芯一般是铜质的，能提供良好的传导率。

（2）传输特性：双绞线既可以用于传输模拟信号，也可以用于传输数字信号。

双绞线上也可直接传送数字信号，使用 T1 线路的总数据传输速率可达 1.544Mbit/s，达到更高数据传输率也是可能的，但与距离有关。

双绞线也可用于局域网，如 10BASE-T 和 100BASE-T 总线，可分别提供 10Mbit/s 和 100Mbit/s 的数据传输速率。通常将多对双绞线封装于一个绝缘套里组成双绞线电缆，局域网中常用的 3 类双绞线电缆和 5 类双绞线电缆均由 4 对双绞线组成，其中 3 类双绞线通常用于 10BASE-T 总线局域网，5 类双绞线通常用于 100BASE-T 总线局域网。

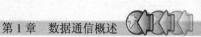

（3）连通性：双绞线普遍用于点到点的连接，也可以用于多点的连接。作为多点媒体使用时，双绞线比同轴电缆的价格低，但性能较差，而且只能支持很少的几个站。

（4）地理范围：双绞线可以很容易地在 15km 或更大范围内提供数据传输。局域网的双绞线主要用于一个建筑物内或几个建筑物间的通信。但 10Mbit/s 和 100Mbit/s 传输速率的 10BASE-T 和 100BASE-T 总线传输距离均不超过 100m。

（5）抗干扰性：在低频传输时，双绞线的抗干扰性相当于或高于同轴电缆，但在高频时，同轴电缆就比双绞线明显优越。

1.6.2　同轴电缆

同轴电缆也像双绞线一样由一对导体组成，但它们是按"同轴"形式构成线对。最里层是内芯，向外依次为绝缘层、屏蔽层，最外层则是起保护作用的塑料外套，内芯和屏蔽层构成一对导体。同轴电缆分为基带同轴电缆（阻抗 50Ω）和宽带同轴电缆（阻抗 75Ω）。基带同轴电缆又可分为粗缆和细缆两种，都用于直接传输数字信号；宽带同轴电缆用于频分多路复用的模拟信号传输，也可用于不使用频分多路复用的高速数字信号和模拟信号传输。闭路电视所使用的 CATV 电缆就是宽带同轴电缆。

下面对同轴电缆的特性进行介绍。

物理特性：单根同轴电缆的直径约为 1.02～2.54cm，可在较宽的频率范围内工作。

传输特性：基带同轴电缆仅用于数字传输，并使用曼彻斯特编码，数据传输速率最高可达 10Mbit/s。一般，在 CATV 电缆上，每个电视通道分配 6MHz 带宽，每个广播通道需要的带宽要窄得多，因此在同轴电缆上使用频分多路复用技术可以支持大量的视、音频通道。

连通性：同轴电缆适用于点到点和多点连接。基带 50Ω电缆每段可支持几百台设备，在大系统中还可以用转接器将各段连接起来；宽带 75Ω电缆可以支持数千台设备，但在高数据传输率下使用宽带电缆时，设备数目限制在 20～30 台。

地理范围：传输距离取决于传输的信号形式和传输的速率，典型基带电缆的最大距离限制在千米，在同样数据速率条件下，粗缆的传输距离较细缆的长。宽带电缆的传输距离可达几十千米。

抗干扰性：同轴电缆的抗干扰性能比双绞线强。

1.6.3　光纤

光纤是光导纤维的简称，它由能传导光波的石英玻璃纤维外加保护层构成。相对于金属导线来说具有重量轻、线径细的特点。用光纤传输电信号时，在发送端先要将其转换成光信号，而在接收端又要由光检测器将光信号还原成电信号。光纤的特性介绍如下所述。

物理特性：在计算机网络中均采用两根光纤（一来一去）组成传输系统。按波长范围（近红外范围内）可分为 3 种：0.85μm 波长区（0.8～0.9μm）、1.3μm 波长区（1.25～1.35μm）和 1.55μm 波长区（1.53～1.58μm）。不同的波长范围光纤损耗特性也不同，其中 0.85μm 波长区为多模光纤通信方式，1.55μm 波长区为单模光纤通信方式，1.3μm 波长区有多模和单模两种方式。

传输特性：光纤通过内部的全反射来传输一束经过编码的光信号，内部的全反射可以在任何折射指数高于包层媒体折射指数的透明媒体中进行。实际上光纤的频率范围覆盖了可见光谱和部分红外光谱。光纤的数据传输率可达 Gbit/s 级，传输距离达数十千米。

连通性：光纤普遍用于点到点的链路。总线拓扑结构的实验性多点系统已经建成，但是价格还太贵。原则上讲，由于光纤功率损失小、衰减少的特性以及有较大的带宽潜力，因此一段光纤能够支持的分接头数比双绞线或同轴电缆多得多。

地理范围：从目前的技术来看，可以在 6～8 千米的距离内不用中继器传输，因此光纤适合于在几个建筑物之间通过点到点的链路连接局域网络。

抗干扰性：光纤具有不受电磁干扰或噪声影响的独有特征，适宜在长距离内保持高数据传输率，而且能够提供很好的安全性。

由于光纤通信具有损耗低、频带宽、数据传输率高、抗电磁干扰强等特点，对高速率、距离较远的局域网也是很适用的。目前采用一种波分技术，可以在一条光纤上复用多路传输，每路使用不同的波长，这种波分复用技术 WDM（Wavelength Division Multiplexing）是一种新的数据传输系统。

1.6.4　无线传输媒体

无线传输媒体通过空间传输，不需要架设或铺埋电缆或光纤，目前常用的技术有：无线电波、微波、红外线和激光。便携式计算机的出现，以及在军事、野外等特殊场合下对移动式通信联网的需要，促进了数字化无线移动通信的发展，现在已开始出现无线局域网产品。

微波通信的载波频率范围为 2～40GHz。因为频率很高，可同时传送大量信息，如一个带宽为 2MHz 的频段可容纳 500 条话音线路，用来传输数字数据，速率可达数 Mbit/s。微波通信的工作频率很高，与通常的无线电波不一样，是沿直线传播的。由于地球表面是曲面，微波在地面的传播距离有限。直接传播的距离与天线的高度有关，天线越高传播距离越远，超过一定距离后就要用中继站来接力。红外通信和激光通信也像微波通信一样，有很强的方向性，都是沿直线传播的。

以上 3 种技术都需要在发送方和接收方之间有一条视线（Line of Sight）通路，故它们统称为视线媒体。所不同的是，红外通信和激光通信把要传输的信号分别转换为红外光信号和激光信号直接在空间传播。这 3 种视线媒体由于都不需要铺设电缆，对于连接不同建筑物内的局域网特别有用。这 3 种技术对环境天气较为敏感，如雨、雾和雷电。相对来说，微波对一般雨和雾的敏感度较低。

卫星通信是微波通信中的特殊形式，其利用地球同步卫星做中继来转发微波信号。卫星通信可以克服地面微波通信距离的限制 1 个同步卫星可以覆盖地球的 1/3 以上表面，3 个这样的卫星就可以覆盖地球上全部通信区域，这样，地球上的各个地面站之间都可互相通信。由于卫星信道频带宽，也可采用频分多路复用技术分为若干子信道，有些用于由地面站向卫星发送（称为上行信道），有些用于由卫星向地面转发（称为下行信道）。卫星通信的优点是容量大，传输距离远；缺点是传播延迟时间长，对于数万千米高度的卫星来说，以 200m/μs 或 5μs/km 的信号传播速度来计算，从发送站通过卫星转发到接收站的传播延迟时间约要花数百毫秒，这相对于地面电缆的传播延迟时间来说，两者要相差几个数量级。

1.6.5　传输媒体的选择

传输媒体的选择取决于以下诸因素：网络拓扑的结构、实际需要的通信容量、可靠性要

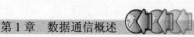

求和能承受的价格范围。

　　双绞线的显著特点是价格便宜，但与同轴电缆相比，其带宽受到限制。对于单个建筑物内的低通信容量局域网来说，双绞线的性能价格比可能是最好的。

　　同轴电缆的价格要比双绞线贵一些，对于大多数的局域网来说，需要连接较多设备而且通信容量相当大时可以选择同轴电缆。

　　光纤作为传输媒体，与同轴电缆和双绞线相比具有一系列优点：频带宽、速率高、体积小、重量轻、衰减小、能电磁隔离、误码率低等。因此，在国际和国内长话传输中的地位日益提高，并已广泛用于高速数据通信网。随着光纤通信技术的发展和成本的降低，光纤作为局域网的传输媒体也得到了普遍采用，光纤分布数据接口 FDDI 就是一例。

　　目前，便携式计算机已经有了很大的发展和普及，由于可随身携带，对可移动的无线网的需求将日益增加，人们随时随地可将计算机接入网络，发送和接收数据。移动无线数字网的发展前景将是十分美好的。

1.7　数据通信基本传输方式

　　数字信号的传输方式有以下两种。

　　（1）基带传输。基带传输不需调制，编码后的数字脉冲信号直接在信道上传送。如以太网。

　　（2）频带传输。数字信号需调制成频带模拟信号后再传送，接收方需要解调。如通过电话模拟信道传输，又如闭路电视的信号传输。

1.8　数据通信基本概念中的常用术语

　　（1）数据（Data）：传递（携带）信息的实体。

　　（2）信息（Information）：数据的内容或解释。

　　（3）信号（Signal）：数据的物理量编码（通常为电编码），数据以信号的形式传播。

　　（4）模拟信号：信号的某一个或某几个参数是连续，包含无穷多个信号值。

　　（5）数字信号：时间上离散，幅值上离散，仅包含有限数目的信号值。

　　（6）周期信号：信号由不断重复的固定模式组成（如正弦波）。

　　（7）非周期信号：信号没有固定的模式和波形循环（如语音的音波信号）。

　　（8）基带（Base band）是基本频带，是在数字信号频谱中，从直流开始到能量集中的一段频率范围。宽带（Broad band）是指在同一传输介质上，使用特殊的技术或设备，利用不同的频道进行多重传输所占用的带宽。

　　（9）信道（Channel）：传送信息的线路（或通路）。

　　（10）数字信道：以数字脉冲形式（离散信号）传输数据的信道。

　　（11）模拟信道：以连续模拟信号形式传输数据的信道。

　　（12）比特（bit）：信息量的单位。比特率为每秒传输的二进制位个数。

　　（13）码元（Code Cell）：时间轴上的一个信号编码单元。

　　（14）同步脉冲：用于码元的同步定时，识别码元的开始。同步脉冲也可位于码元的中部，一个码元也可有多个同步脉冲相对应。

（15）波特（Baud）：码元传输的速率单位。波特率为每秒传送的码元数（即信号传送速率）。1 Baud = $\log_2 M$（bit/s），其中 M 是信号的编码级数。也可以写成：$R_b = R_B \log_2 M$，式中：R_b 为比特率，R_B 为波特率。

一个信号往往可以携带多个二进制位，所以在固定的信息传输速率下，比特率往往大于波特率。换句话说，一个码元中可以传送多个比特。如 $M=16$，波特率为 9600 时，数据传输率为 38.4kbit/s。

（16）误码率：信道传输可靠性指标，是概率值。

（17）信息编码：将信息用二进制数表示的方法。

（18）数据编码：将数据用物理量表示的方法。如字符"A"的 ASCII 编码为 01000001。

（19）带宽：带宽是通信信道的宽度，是信道频率上界与下界之差，是介质传输能力的度量，在传统的通信工程中通常以赫兹（Hz）为单位计量。在计算机网络中，一般使用每秒位数（bit/s 或 bps）作为带宽的计量单位，主要单位：kbit/s、Mbit/s、Gbit/s。一个以太局域网理论上每秒可以传输 1 千万比特，它的带宽相应为 10Mbit/s。

（20）时延：信息从网络的一端传送到另一端所需的时间。

 习题

1．数据通信是如何定义的？

2．数据通信具有哪些特点？

3．数据通信系统由哪几部分组成？

4．数据通信常用的交换方式有哪些？它们各自有什么特点？

5．数据通信的工作方式有哪些？

6．各种数据通信工作方式的典型应用有哪些？

7．数据通信方式如何分类？

8．数据通信网络常用传输介质种类有哪些？

9．无线传输常用技术有哪些？各有何特点？

10．传输媒体的选择一般考虑哪些因素？

11．数据通信基本传输方式有哪些？

【学习目标】

理解网络的定义与重要功能

掌握网络的分类与拓扑结构（重点）

了解主要的国际标准化组织

理解计算机网络体系结构的概念（重点）

掌握 OSI/RM 模型的分层结构（重点难点）

关键词：计算机网络；网络拓扑；OSI 参考模型

2.1 计算机网络的定义

网络是某一领域事物互连的系统。日常生活中到处可以见到网络的存在，如公路交通网、无线电话网、互联网等。本课程中我们研究的范畴是计算机网络。计算机网络被应用于工商业的各个方面，如电子银行、电子商务、现代化的企业管理、信息服务业等都以计算机网络系统为基础。可以不夸张地说，网络在当今世界无处不在。

计算机网络是利用通信设备和线路将地理位置不同、功能独立的多个计算机系统连接起来，实现网络的硬件、软件等资源共享和信息传递的系统。

计算机网络的功能主要包括以下几个方面。

1．数据通信

数据通信是计算机网络的基本功能，用以实现计算机与终端之间或计算机与计算机之间各种信息的传递，将地理上分散的单位和部门通过计算机网络连接起来进行集中管理。

2．资源共享

资源包括硬件资源和软件资源。硬件资源包括各种设备，如打印机等；软件资源包括各种数据，如数字信息、声音、图像等。资源共享随着网络的出现变得很简单，交流的双方可以跨越空间的障碍，随时随地传递信息，共享资源。

3．负载均衡与分布处理

各种处理任务可以通过计算机网络分配到全球各地的计算机上。举个典型的例了：一个大型 ICP（Internet 内容提供商）为了支持更多的用户访问它的网站，在全世界多个地方放置了相同内容的 WWW（World Wide Web）服务器；通过一定技术使不同地域的用户看到放置在离用户最近的服务器上的相同页面，这样来实现各服务器的负荷均衡，同时用户也节省了访问时间。

4. 综合信息服务

网络的一大发展趋势是应用多维化，即在一套系统上提供集成的信息服务，包括来自政治、经济等各方面资源，甚至同时还提供多媒体信息，如图像、语音、动画等。在多维化发展的趋势下，许多网络应用的新形式不断涌现，如电子邮件、视频点播、电子商务、视频会议等。

2.2　计算机网络的分类

计算机网络可以按照覆盖的地理范围划分成局域网（Local Area Network，LAN）、广域网（Wide Area Network，WAN）和介于局域网与广域网之间的城域网（Metropolitan Area Network，MAN）。

1. 局域网

局域网（LAN）是一个高速数据通信系统，它在较小的区域内将若干独立的数据设备连接起来，使用户共享资源。局域网的地域范围一般只有几千米。通常局域网中的线路和网络设备的所有权、使用权、管理权都属于用户所在公司或组织。局域网的特点是：距离短、延迟小、数据速率高、传输可靠。

2. 城域网

城域网（MAN）覆盖范围为中等规模，介于局域网和广域网之间，通常是在一个城市内的网络连接，其地域范围从几千米至几百千米。城域网作为本地公共信息服务平台的组成部分，负责承载各种多媒体业务，为用户提供各种接入方式，满足政府部门、企事业单位、个人用户对基于 IP 的各种多媒体业务的需求。

3. 广域网

广域网（WAN）覆盖范围为几百千米至几千千米，常常是一个国家、地区或者一个洲。在大范围区域内提供数据通信服务，主要用于互联局域网。一个广域网的骨干网络常采用分布式网络网状结构，在本地网和接入网中通常采用的是树状或星状连接。广域网的线路与设备的所有权与管理权一般是属于电信服务提供商，而不属于用户。

2.3　网络拓扑

为了便于对计算机网络结构进行研究或设计，通常把计算机、终端、通信处理机等设备抽象为点，把连接这些设备的通信线路抽象成线，由这些点和线所构成的拓扑称为计算机网络拓扑。计算机网络拓扑反映了计算机网络中各设备节点之间的内在结构，对于计算机网络的性能、建设与运行成本等都有着重要的影响。

基本的计算机网络拓扑有总线型拓扑、环状拓扑、星状拓扑、树状拓扑和网状拓扑，如图 2-1 所示。绝大部分网络都可以由这几种拓扑独立或混合构成。了解这些拓扑是设计网络和解决网络疑难问题的前提。

1. 星状网

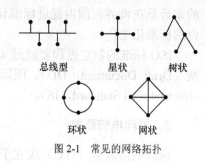

图 2-1 常见的网络拓扑

每一终端均通过单一的传输链路与中心交换节点相连，具有结构简单，建网容易且易于管理的特点。缺点是中心设备负载过重，当其发生故障，会影响到全网业务。另外，每一节点均有专线与中心节点相连，使得线路利用率不高，信道容量浪费较大。

2. 树状网

树状网是一种分层网络，适用于分级控制系统。树状网的同一线路可以连接多个终端，与星状网相比，具有节省线路，成本较低和易于扩展的特点。缺点是对高层节点和链路的要求较高。

3. 网状网

网状网是由分布在不同地点且具有多个终端的节点机互连而成的。网络中任一节点均至少与两条线路相连，当任意一条线路发生故障时，通信可转经其他线路完成，具有较高的可靠性，并且网状网易于扩充。缺点是网络控制机构复杂，线路增多使成本增加。

网状网又称分布式网络，较有代表性的网状网是全连通网络。一个具有 N 个节点的全连通网络需要有 $N(N-1)/2$ 条线路，当 N 值较大时，传输线路数很大，而传输线路的利用率较低，因此，在实际应用中一般不选择全连通网络，而是在保证可靠性的前提下，尽量减少线路的冗余，降低造价。

4. 总线网

总线网是通过总线把所有节点连接起来，从而形成一条信道。总线网结构比较简单，扩展十分方便。该网络结构常用于计算机局域网中。

5. 环状网

各设备经环路节点机连成环状。信息流一般为单向，线路是共用的，采用分布控制方式。这种结构常用于计算机局域网中，有单环和双环之分，双环的可靠性明显优于单环。

6. 复合网

复合网是现实中常见的组网方式，其典型特点是将分布式网络与树状网结合起来。比如可以在计算机网络中的骨干网部分采用分布式网络结构，而在基层网中构成星状网，这样既提高了网络的可靠性，又节省了链路成本。

2.4　主要的国际标准化机构

1. 国际标准化组织

国际标准化组织（ISO）成立于 1947 年，是世界上最大的国际标准化专门机构。ISO

的宗旨是在世界范围内促进标准化工作的发展，其主要活动是制定国际标准，协调世界范围内的标准化工作。

ISO 标准的制定过程要经过 4 个阶段，即工作草案（Working Document，WD）、建议草案（Draft Document，DD）、国际标准草案（Draft International Standard，DIS）和国际标准（International Standard，IS）。

2. 国际电信联盟

国际电信联盟（ITU）成立于 1865 年，始称国际电报联盟，于 1934 年改用现名。ITU 的宗旨是维护与发展成员国间的国际合作以改进和共享各种电信技术；帮助发展中国家大力发展电信事业；通过各种手段促进电信技术设施和电信网的改进与服务；管理无线电频率和卫星轨道的划分和注册，避免各国电台的互相干扰。

其中国际电信联盟电信标准代部门（ITU-T）是一个开发全球电信技术标准的机构，也是 ITU 的 4 个常设机构之一。ITU-T 的宗旨是研究与电话、电报、电传运作和资费有关的问题，并对国际通信用的各种设备及规程的标准化分别制定了一系列建议书，具体包括：

（1）F 系列：电报、数据传输和远程信息通信业务。

（2）I 系列：数字网（含 ISDN）。

（3）T 系列：终端设备。

（4）V 系列：在电话网上的数据通信。

（5）X 系列：数据通信网络。

3. 美国电气和电子工程师学会

美国电气和电子工程师学会（IEEE）是世界上最大的专业性组织，其工作主要是开发通信和网络标准。IEEE 制定的关于局域网的标准已经成为当今主流的 LAN 标准。

4. 美国国家标准局

美国在 ISO 中的代表是美国国家标准局（ANSI），实际上该组织与其名称不相符，它是一个私人的非政府非营利性组织，其研究范围与 ISO 相对应。

5. 电子工业协会

电子工业协会（EIA/TIA）曾经制定过许多有名的标准，是一个电子传输标准的解释组织。EIA 开发的 RS-232 和 ES-449 标准在数据通信设备中被广泛使用。

6. Internet 工程任务组

Internet 工程任务组（IETF）成立于 1986 年，是推动 Internet 标准规范制定的最主要的组织。对于虚拟网络世界的形成，IETF 起到了无以伦比的作用。除 TCP/IP 协议族外，几乎所有互联网的基本技术都是由 IETF 开发或改进的。IETF 工作组创建了网络路由、管理、传输标准，这些正是互联网赖以生存的基础。

IETF 工作组定义了有助于保卫互联网安全的安全标准，使互联网成为更为稳定环境的服务质量标准以及下一代互联网协议自身的标准。

IETF 是一个非常大的开放性国际组织，由网络设计师、运营者、服务提供商和研究人员组成，致力于 Internet 架构的发展和顺利操作。大多数 IETF 的实际工作是在其工作组（Working Group）中完成的，这些工作组又根据主题的不同划分到若干个领域（Area），如路由、传输、网络安全等。

7．互联网架构委员会

互联网架构委员会（Internet Architecture Board，IAB）负责定义整个互联网的架构，负责向 IETF 提供指导，是 IETF 最高技术决策机构。

8．Internet 上的 IP 地址编号机构

Internet 的 IP 地址和 AS 号码分配是分级进行的。因特网编号管理局（Internet Assigned Numbers Authority、IANA）是负责对全球 Internet 上的 IP 地址进行编号分配的机构。

按照 IANA 的需要，将部分 IP 地址分配给各区域 Internet 注册机构 RIR（Rigional Internet Registry），RIR 负责该区域的登记注册服务。现在，全球一共有 5 个 RIR：AfriNTC、APNIC、ARIN、LACNIC 和 RIPE NCC，分别负责非洲，亚太，北美和加勒比海岛屿、北大西洋岛屿，拉美和加勒比地区，以及欧洲的 IP 地址和 AS 号码分配。

2.5 OSI 参考模型

2.5.1 计算机网络体系结构概述

从通信的硬件设备来看，有了终端、信道和交换设备就能接通两个用户了，但是要顺利地进行信息交换，或者说通信网要正常运转仅这些是不够的。尤其是自动化程度越高，人的参与越少，就更显得如此。为了保证通信正常进行，必须事先作一些规定，并且通信双方要正确执行这些规定。如在发电报时，必须首先规定好报文的传输格式，什么表示启动，什么表示结束，出了错误怎么办，怎样表示发报人的名字和地址，这些预先定义好的格式及约定就是协议。

网络协议是为了使计算机网络中的不同设备能进行数据通信而预先制定的一套通信双方相互了解和共同遵守的格式和约定。网络协议是一系列规则和约定的规范性描述，定义了网络设备之间如何进行信息交换。网络协议是计算机网络的基础，只有遵从相应协议的网络设备之间才能够通信。

协议的要素包括语法、语义和定时。语法规定通信双方"如何讲"，即确定数据格式、数据码型、信号电平等；语义规定通信双方"讲什么"，即确定协议元素的类型，如规定通信双方要发出什么控制信息，执行什么动作和返回什么应答等；定时则规定事件执行的顺序，即确定通信过程中链路状态的变化，如规定正确的应答关系等。

可见协议能协调网络的运转，使之达到互通、互控和互换的目的。那么如何来制定协议呢？由于协议十分复杂，涉及面很广，因此在制定协议时经常采用的方法是分层法。分层法最核心的思路是上一层的功能是建立在下一层的功能基础上，并且在每一层内均要遵守一定的规则。

层次和协议的集合称为网络的体系结构。体系结构应当具有足够的信息，以允许软件设计人员给每层编写实现该层协议的有关程序，即通信软件。自从 20 世纪 60 年代计算机网络

问世以来，国际上各大厂商为了在数据通信网络领域占据主导地位，顺应信息化潮流，纷纷推出了各自的网络架构体系和标准，如 IBM 公司的 SNA、Novell 公司的 IPX/SPX 协议、Apple 公司的 AppleTalk、DEC 公司的 DECnet 协议以及广泛流行的 TCP/IP 协议族。同时，各大厂商针对自己的协议生产出了不同的硬件和软件。各个厂商的共同努力无疑促进了网络技术的快速发展和网络设备种类的迅速增长。

但由于多种协议的并存，也使网络变得越来越复杂，且厂商之间的网络设备大部分不能兼容，很难进行通信。为了解决网络之间的兼容性问题，帮助各个厂商生产出可兼容的网络设备，国际标准化组织 ISO 于 1984 年提出开放系统互连（Open System Interconnection）参考模型（简称 OSI-RM）。OSI 参考模型很快成为计算机网络通信的基础模型。在设计 OSI 参考模型时，遵循了以下原则：

（1）各层之间有清晰的边界，便于理解；

（2）每层实现特定的功能；

（3）层次的划分有利于国际标准协议的制定；

（4）层的数目应该足够多，以避免各层功能重复。

2.5.2　OSI 参考模型的层次结构

OSI 参考模型如图 2-2 所示。它采用分层结构技术，将整个网络的通信功能分为 7 层。由低层至高层分别是物理层、数据链路层、网络层、传输层、会话层、表示层、应用层。每一层都有特定的功能，并且上一层利用下一层的功能所提供的服务。

7	应用层
6	表示层
5	会话层
4	传输层
3	网络层
2	数据链路层
1	物理层

图 2-2　OSI 参考模型

1．应用层

应用层是 OSI 体系结构中的最高层，是直接面向用户以满足不同的需求，是利用网络资源，唯一向应用程序直接提供服务的层次。应用层主要由用户终端的应用软件构成，如常见的 Telnet、FTP、SNMP 等协议都属于应用层的协议。

2．表示层

表示层主要解决用户信息的语法表示问题，它向上对应用层提供服务。表示层的功能是对信息格式和编码起转换作用，确保一个系统的应用层发送的数据能被另一个系统的应用层识别。如将 ASCII 码转换成为 EBCDIC 码等。此外，对传送的信息进行加密与解密也是表示层的任务。

3．会话层

会话层的任务就是提供一种有效的方法，以组织并协商两个表示层进程之间的会话，并管理他们之间的数据交换。会话层的主要功能是依据在应用进程之间的原则，按照正确的顺序发/收数据，进行各种形态的对话，其中包括对对方是否有权参加会话的身份核实；在选择功能方面取得一致，如选全双工还是选半双工通信。

4．传输层

传输层（也称运输层）位于 OSI 参考模型第四层，传输层可以为主机应用程序提供端对端的可靠或不可靠的通信服务。传输层的功能包括：

（1）将应用层发往网络层的数据分段或将网络层发往应用层的数据段合并。

（2）在应用主机程序之间建立端到端的连接。

（3）进行流量控制

（4）提供可靠或不可靠的服务。

（5）提供面向连接或面向非连接的服务。

5. 网络层

网络层是 OSI 参考模型中的第三层，介于传运层与数据链路层之间。数据链路层提供的两个相邻节点间的数据帧的传送功能，网络层在此基础上，进一步管理网络中的数据通信，选择合适的路径并转发数据包，使数据包从源端经过若干中间节点传送到目的端，从而向传送层提供最基本的端到端的数据传送服务。

网络层的主要功能包括：

（1）编址。网络层定义逻辑地址，为每个节点分配标志，这就是网络的地址。地址分配为从源到目的的路径选择提供了基础。

（2）路由选择。网络层的一个关键作用是要确定从源到目的的数据传递应该如何选择路由，网络层设备在计算路由之后，按照路由信息对数据包进行转发。

（3）拥塞管理。如果网络同时传送过多的数据包，可能会产生拥塞，导致数据丢失或延迟，网络层也负责对网络上的拥塞进行控制。

（4）异种网络互联。通信链路和介质类型是多种多样的，每种链路都有其特殊的通信规定，网络层必须能够工作在多种多样的链路和介质上，以便能够跨越多个网段提供通信服务。

6. 数据链路层

数据链路层是 OSI 参考模型的第二层，它以物理层为基础，向网络层提供可靠的服务。

数据链路层的主要功能包括：

（1）帧同步，即编帧和识别帧。物理层只发送和接收比特流，而并不关心这些比特的次序、结构和含义；而在数据链路层，数据以帧（Frame）为单位传送。因此发送方需要链路层将比特编成帧，接收方需要链路层从接收到的比特流中明确地区分出数据帧起始与终止的地方。帧同步的方法包括字节计数法、使用字符或比特填充的首尾定界符法、违法编码法等。

（2）数据链路的建立、维持和释放。网络中的设备要进行通信时，通信双方必须先建立一条数据链路，在建立链路时需要保证安全性，在传输过程中要维持数据链路，而在通信结束后要释放数据链路。

（3）传输资源控制。在一些共享介质上，多个终端设备可能同时需要发送数据，此时必须由数据链路层协议对资源的分配进行裁决。

（4）流量控制。为了确保正常地收发数据，防止发送数据过快，导致接收方的缓存空间溢出，网络出现拥塞，就必须及时控制发送方发送数据的速率。数据链路层控制的是相邻两节点数据链路上的流量。

（5）差错控制。由于比特流传输时可能会产生差错，而物理层无法辨认错误，所以数据链路层协议需要以帧为单位实施差错检测。最常用的差错检测方法是 FCS（Frame Check Sequence，帧校验序列）。发送方在发送一帧时，根据其内容，通过诸如 CRC（Cyclic Redundancy Check，循环冗余校验）这样的算法计算出校验和（Checksum），并将其加入此帧的 FCS 字段中发送给接收方。接收方对帧进行校验和检查，检验收到的帧在传输过程中是否发生差错。一旦发现差错，就丢弃此帧。

（6）寻址。数据链路层协议能够识别介质上的所有节点，并且寻找到目的的节点，以便将数据发送到正确的目的地。

（7）标志上层数据。数据链路层采用透明传输的方法传送网络层数据包，它对网络层呈现为一条无错的线路。为了在同一链路上支持多种网络层协议，发送方必须在帧的控制信息中标志载荷所属的网络层协议，这样接收方才能将载荷提交给正确的上层协议来处理。

7. 物理层

物理层是 OSI 参考模型的第一层，也是最低层。物理层功能是提供比特流传输。在这一层中规定的既不是物理媒介，也不是物理设备，而是物理设备和物理介质相连接时的方法和规定。

物理层协议定义了通信传输介质的如下特性。

（1）机械特性。

说明端口所使用接线器的形状和尺寸、引线数目和排列等，如各种规格的电源插头的尺寸都有严格的规定。

（2）电气特性。

说明在端口电缆的每根线上出现的电压、电流的范围。

（3）功能特性。

说明某根线上出现的某一电平表示何种意义。

（4）规格特性。

说明不同功能的各种可能事件的出现顺序。

 习题

1. 什么是计算机网络？计算机网络的重要功能是什么？
2. 按照地理覆盖范围，网络通常被分为哪几类？各自有什么特点？
3. 何为网络拓扑？
4. 常见的网络拓扑有哪几种？各自有什么样的特点？
5. 列出几个主要的标准化组织。
6. 什么是计算机网络体系结构？
7. 设计 OSI 参考模型时，遵循了哪些原则？
8. OSI 参考模型分为哪几层？
9. OSI 参考模型网络层的主要功能有哪些？
10. OSI 参考模型的物理层协议定义了通信传输介质的哪些特性？

第 3 章

TCP/IP 协议族与子网划分

【学习目标】
掌握 TCP/IP 协议族模型和 OSI/RM 模型比较（重点）
理解报文的封装与解封装过程（重点）
掌握 TCP/IP 协议族各层典型协议（重点）
掌握 IP 地址分类（重点）
掌握带子网划分的编址方法（重点难点）
关键词：TCP/IP 模型；报文的封装与解封装；IP 地址；子网划分

3.1 TCP/IP 协议族的起源

TCP/IP 协议族起源于 1969 年美国国防部高级研究项目署（Advanced Research Projects Agency，APRA）对有关分组交换广域网（Packet-Switched Wide-area Network）的科研项目，因此起初的网络称为 ARPA 网。

1973 年 TCP（传输控制协议）正式投入使用，1981 年 IP（网际协议）投入使用，1983 年 TCP/IP 协议族正式被集成到美国加州大学伯克利分校的 UNIX 版本中，该"网络版"操作系统满足了当时各大学、机关、企业旺盛的连网需求，因而随着该免费分发操作系统的广泛使用，TCP/IP 协议族得到了流传。

TCP/IP 协议族得到了众多厂商的支持，不久就有了很多分散的网络。所有这些单个的 TCP/IP 网络都互联起来称为 Internet。基于 TCP/IP 协议族的 Internet 已逐步发展成为当今世界上规模最大、拥有用户和资源最多的一个超大型计算机网络，TCP/IP 也因此成为事实上的工业标准。IP 网络正逐步成为当代乃至未来计算机网络的主流。

3.2 TCP/IP 协议族与 OSI 参考模型比较

与 OSI 参考模型一样，TCP/IP 协议族也分为不同的层次，每一层负责不同的通信功能。但是，TCP/IP 协议族简化了层次设计，将 OSI 的 7 层模型合并为 4 层的体系结构，自顶向下分别是应用层、传输层、网络层、网络接口层。从图 3-1 中可以看出，TCP/IP 协议族与 OSI 参考模型有清晰的对应关系，覆盖了 OSI 参考模型的所有层次。应用层包含了 OSI 参考模型的应用层、会话层和表示层的所有协议。网络接口层包含了 OSI 参考模型的数据链路层和物理层的所有协议。

TCP/IP 协议族负责确保网络设备之间能够通信。TCP/IP 协议族是数据通信协议的集合，包含许多协议。其名字来源于其中最主要的两个协议 TCP（传送控制协议）和 IP（网际协议）。TCP/IP 协议族各层次功能以及支持协议如图 3-2 所示。

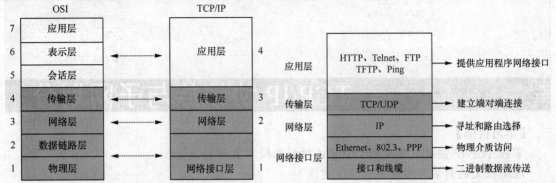

图 3-1 TCP/IP 协议族与 OSI 参考模型比较　　　图 3-2 TCP/IP 协议族各层次功能以及支持协议

OSI 参考模型与 TCP/IP 协议族的异同点如下。

1．相同点

（1）都是分层结构，并且工作模式一样，都要求层和层之间具备很密切的协作关系。
（2）有相同的应用层、传输层、网络层。
（3）都使用包交换技术。

2．不同点

（1）TCP/IP 协议族把 OSI 的表示层、会话层、应用层都归入了应用层。
（2）TCP/IP 协议族把 OSI 的数据链路层和物理层都归入了网络接口层。
（3）TCP/IP 协议族的结构比较简单，分层少。
（4）TCP/IP 协议族是在 Internet 网络不断的发展中建立的，基于实践，有很高的信任度。相比较而言，OSI 参考模型是基于理论上的，主要是作为一种向导。

3.3 报文的封装与解封装

3.3.1 OSI 的数据封装过程

每个层次接收到上层传递过来的数据后都要将本层次的控制信息加入数据单元的头部，一些层次还要将校验和等信息附加到数据单元的尾部，这个过程叫做封装。

OSI 的数据封装如图 3-3 所示。PDU 协议数据单元（Protocol Data Unit）是指对等层次之间传递的数据单位。每层封装后的协议数据单元的叫法不同。

（1）应用层、表示层、会话层的协议数据单元统称为数据（Data）。
（2）传输层的协议数据单元称为数据段（Segment）。
（3）网络层的协议数据单元称为数据包（Packet）。
（4）数据链路层的协议数据单元称为数据帧（Frame）。
（5）物理层的协议数据单元称为比特流（bit）。

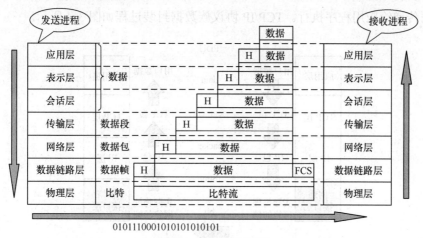

图 3-3 OSI 的数据封装

当数据到达接收端时，每一层读取相应的控制信息，根据控制信息中的内容向上层传递数据单元，在向上层传递之前去掉本层的控制头部信息和尾部信息（如果有的话），此过程叫作解封装。这个过程逐层执行直至将对端应用层产生的数据发送给本端的相应的应用进程。下面以用户浏览网站为例说明数据的封装、解封装过程。

当用户输入要浏览的网站信息后就由应用层产生相关的数据，通过表示层转换成为计算机可识别的 ASCII 码，再由会话层产生相应的主机进程传给传输层。传输层将以上信息作为数据并加上相应的端口号信息以便目的主机辨别此报文，得知具体应由本机的哪个任务来处理。在网络层加上 IP 地址使报文能确认应到达具体某个主机，再在数据链路层加上 MAC 地址，转成比特流信息，从而在网络上传送，这就是数据的封装过程。报文在网络上被各主机接收，通过检查报文的目的 MAC 地址判断是否是自己需要处理的报文，如果发现 MAC 地址与自己不一致，则丢弃该报文，如果一致就去掉 MAC 地址，将报文送给网络层判断其 IP 地址。然后根据报文的目的端口号确定是由本机的哪个进程来处理，这就是报文的解封装过程。

3.3.2 TCP/IP 协议族的数据封装过程

TCP/IP 协议族在报文转发过程中，封装和解封装也发生在各层之间，同 OSI 参考模型数据封装与解封装过程一样。

在发送方，封装的操作是逐层进行的。各个应用程序将要发送的数据送给传输层；传输层将数据分段为大小一定的数据段，加上本层的报文头，发送给网络层。在传输层报文头中，包含接收它所携带的数据的上层协议或应用程序的端口号，如 Telnet 的端口号是 23。传输层协议利用端口号来调用和区别应用层各种应用程序。

网络层对来自传输层的数据段进行一定的处理，如利用协议号区分传输层协议，寻找下一跳地址，解析数据链路层物理地址等，加上本层的 IP 报文头后，转换为数据包，再发送给数据链路层。

数据链路层依据不同的协议加上本层的帧头，发送给物理层。

物理层以比特流的形式将报文发送出去。

在接收方，解封装的操作也是逐层进行的。从物理层到应用层，逐层去掉各层的报文头

21

部，将数据传递给应用程序执行。TCP/IP 协议族数据封装过程如图 3-4 所示。

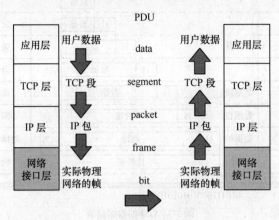

图 3-4　TCP/IP 协议族数据封装过程

3.4　TCP/IP **协议族**

TCP/IP 协议族由不同网络层次的不同协议组成，如图 3-5 所示。

网络层的主要协议包括：

（1）IP、ICMP（Internet Control Message Protocol，因特网控制消息协议）；

（2）IGMP（Internet Group Management Protocol，因特网组管理协议）；

（3）ARP（Address Resolution Protocol，地址解析协议）；

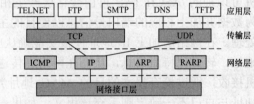

图 3-5　TCP/IP 协议族

（4）RARP（Reverse Address Resolution Protocol，逆地址解析协议）。

传输层的主要协议有 TCP 和 UDP（User Datagraph Protocol，用户数据报协议）。

应用层为用户的各种网络应用开发了许多网络应用程序，下面重点介绍常用的几种应用层协议。

（1）FTP（File Transfer Protocol，文件传送协议）是用于文件传送的 Internet 标准。FTP 支持一些文本文件（如 ASCII、二进制等）和面向字节流的文件结构。FTP 使用传输层协议 TCP 在支持 FTP 的终端系统间执行文件传送，因此，FTP 被认为提供了可靠的面向连接的服务，适合于远距离、可靠性较差线路上的文件传送。

（2）TFTP（Trivial File Transfer Protocol，普通文件传送协议）也是用于文件传输，但 TFTP 使用 UDP 提供服务，被认为是不可靠的，无连接的。TFTP 通常用于可靠的局域网内部的文件传送。

（3）SMTP（Simple Mail Transfer Protocol，简单邮件传送协议）支持文本邮件的 Internet 传送。

（4）Telnet 是客户机使用的与远端服务器建立连接的标准终端仿真协议。

（5）SNMP（Simple Network Management Protocol，简单网络管理协议）负责网络设备

监控和维护，支持安全管理、性能管理等。

（6）Ping 命令是一个诊断网络设备是否正确连接的有效工具。

（7）Tracert 命令和 Ping 命令类似，Tracert 命令可以显示数据包经过的每一台网络设备信息，是一个很好的诊断命令。

（8）DNS（Domain Name System，域名系统）把网络节点的易于记忆的名字转化为网络地址。

3.5 传送层协议

传输层协议有两种：TCP 和 UDP。虽然 TCP 和 UDP 都使用相同的网络层协议 IP，但是 TCP 和 UDP 却为应用层提供完全不同的服务。

传输控制协议 TCP：为应用程序提供可靠的面向连接的通信服务，适用于要求得到响应的应用程序。目前，许多流行的应用程序都使用 TCP。

用户数据报协议 UDP：提供了无连接通信，且不对传送数据包进行可靠的保证。适用于一次传送少量数据，可靠性则由应用层来负责。

3.5.1 传输控制协议

传输控制协议（TCP）提供面向连接的、可靠的字节流服务。面向连接意味着使用 TCP 协议作为传输层协议的两个应用之间在相互交换数据之前必须建立一个 TCP 连接。TCP 通过确认、校验、重组等机制为上层应用提供可靠的传送服务。但是 TCP 连接的建立以及确认、校验等功能会产生额外的开销。

1. TCP 的报文格式

图 3-6 为 TCP 的报文格式，下面来了解一下 TCP 报文头部的主要字段。

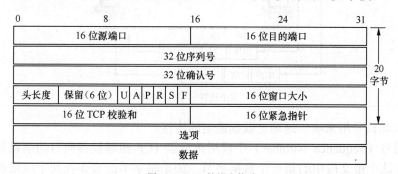

图 3-6 TCP 的报文格式

（1）每个 TCP 报文头部都包含源端口（Source Port）号和目的端口（Destination Port）号，用于标志和区分源端设备和目的端设备的应用进程。在 TCP/IP 协议族中，源端口号和目的端口号分别与源 IP 地址和目的 IP 地址组成套接字，唯一确定一条 TCP 连接。

TCP/IP 协议族所提供的服务一般使用的端口号是 1～1023，这些端口号由 IANA 分配管理。其中，低于 255 的端口号保留用于公共应用；255 到 1023 的端口号分配给各个公司，用于特殊应用；对于高于 1023 的端口号，称为临时端口号，IANA 未做规定。

常用的 TCP 端口号有 HTTP 80、FTP 20/21、Telnet 23、SMTP 25、DNS 53 等；常用的 UDP 端口号有 DNS 53、BootP 67（Server）/ 68（Client）、TFTP 69、SNMP 161 等。

TCP 的端口号示意图如图 3-7 所示。

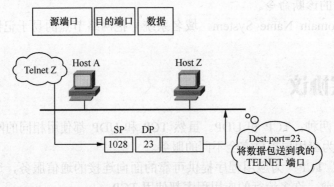

图 3-7 TCP 的端口号示意图

HostA 对 HostZ 进行 Telnet 远程连接，其中目的端口号为知名端口号 23，源端口号为 1028。对于源端口号只需保证该端口号在本机上是唯一的，一般从 1023 以上找出空闲端口号进行分配。因为源端口号存在时间很短暂，所以源端口号又称作临时端口号。

当同一主机上多个应用进程同时访问一个服务时，端口号的使用如图 3-8 所示。HostA 上具有两个连接同时访问 HostZ 的 Telnet 服务，HostA 使用不同的源端口号来区分本机上的不同的应用程序进程。

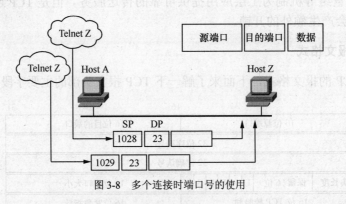

图 3-8 多个连接时端口号的使用

IP 地址和端口号用来唯一地确定数据通信的连接。

（2）序列号（Sequence Number）字段用来标志 TCP 源端设备向目的端设备发送的字节流，它表示在这个报文段中的第一个数据字节。如果将字节流看作在两个应用程序间的单向流动，则 TCP 用序列号对每个字节进行计数。序列号是一个 32 位的数。

既然每个传送的字节都被计数，确认序号（Acknowledgement Number，32 位）包含发送确认的一端所期望接收到的下一个序号。因此，确认序号应该是上次已成功收到的数据字节序列号加 1。

TCP 的序号和确认号如图 3-9 所示。

序列号的作用：一方面用于标志数据顺序，以便接收者在将其递交给应用程序前按正确的顺序进行装配；另一方面是消除网络中的重复报文包，这种现象在网络拥塞时会出现。

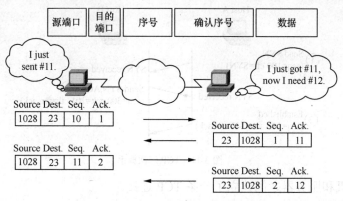

图 3-9　TCP 的序号和确认号

确认号的作用：接收者告诉发送者哪个数据段已经成功接收，并告诉发送者接收者希望接收的下一个字节。

（3）TCP 的流量控制由连接的每一端通过声明的窗口大小（Windows Size）来提供。窗口大小用字节数来表示，如 Windows Size=1024，表示一次可以发送 1024 字节的数据。窗口大小起始于确认字段指明的值，是一个 16 位字段，可以调节。

窗口实际上是一种流量控制的机制。

TCP 的窗口控制如图 3-10 所示。假定发送方设备以每一次发送 4096 字节的数据，也就是说，窗口大小为 4096。接收方设备成功接收数据包，用序列号 4097 确认。但同时接收方设备由于性能的原因还未全部送至上层协议处理，这时也将会发送确认报文，对收到的数据进行确认，同时调整窗口大小。发送方设备收到确认，将以窗口大小 2048 发送数据。如果发送方接收到携带窗口号为 0 的确认，将停止这一方向的数据传送，直到收到窗口大小大于 0 的确认报文再进行发送。

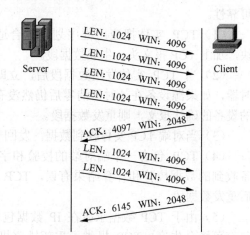

图 3-10　TCP 的窗口控制

滑动窗口机制为端对端设备间的数据传送提供了可靠的流量控制机制。然而，它只能在源端设备和目的端设备起作用，当网络中间设备（如路由器等）发生拥塞时，滑动窗口机制将不起作用。可以利用 ICMP 的源抑制机制进行拥塞管理。

2．TCP 三次握手——建立连接

TCP 是面向连接的传送层协议，所谓面向连接就是在真正的数据传送开始前要完成连接建立的过程，否则不会进入真正的数据传送阶段。

TCP 的连接建立过程通常被称为三次握手，如图 3-11 所示，过程如下：

（1）HostA 发送一个初始序列号为 100 的报文段 1；

（2）HostB 发回包含自身初始序列号 300 的报文段 2，并用确认号 101 对 HostA 的报文段 1 进行确认；

（3）HostA 接收 HostB 发回的报文段 2，发送报文段 3，用确认号 301 对报文段 2 进行确认。

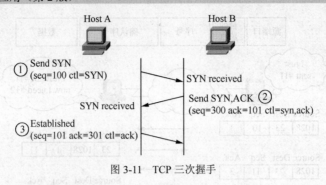

图 3-11 TCP 三次握手

这样便在主机和服务器之间建立了一条 TCP 连接。

3. TCP 四次握手——终止连接

TCP 连接是全双工方式传送数据，因此每个方向必须单独进行关闭。当一方完成它的数据发送任务后，就发送一个 FIN 来终止这个方向连接。当一端收到一个 FIN，它必须通知应用层另一端已经终止了那个方向的数据传送。可见 TCP 终止连接的过程需要四次信息交互，称之为四次握手，如图 3-12 所示。

TCP 通过以下过程来保证端对端数据通信的可靠性。

（1）TCP 实体把应用程序划分为合适的数据块，加上 TCP 报文头，生成数据段。

（2）当 TCP 实体发出数据段后，立即启动计时器，如果源设备在计时器清零后仍然没有收到目的设备的确认报文，则重发数据段。

主机 A ────FIN───→ 主机 B
应用程序关闭 ←──FIN 的 ACK──
           ────FIN───→ 应用程序关闭
           ←──FIN 的 ACK──

图 3-12 TCP 四次握手

（3）当对端 TCP 实体收到数据，发回一个确认。

（4）TCP 包含一个端对端的校验和字段，检测数据传送过程的任何变化。如果目的设备收到的数据校验和计算结果有误，TCP 将丢弃数据段，源设备在前面所述的计时器清零后重发数据段。

（5）由于 TCP 数据承载在 IP 数据包内，而 IP 提供了无连接的、不可靠的服务，数据包有可能会失序。TCP 提供了重新排序机制，目的设备将收到的数据重新排序，交给应用程序。

（6）TCP 提供流量控制。TCP 连接的每一端都有缓冲窗口。目的设备只允许源设备发送自己可以接收的数据，防止缓冲区溢出。

3.5.2 用户报文协议

相对于 TCP 报文，用户报文协议（UDP）只有少量的字段：源端口号、目的端口号、长度、校验和等，各个字段功能和 TCP 报文相应字段一样。UDP 的报文格式如图 3-13 所示。

0 8 16 24 31	
16 位源端口	16 位目的端口
16 位 UDP 长度	16 位 UDP 校验和
数据	

图 3-13 UDP 的报文格式

UDP 报文没有可靠性保证、顺序保证、流量控制等字段，可靠性较差。但是 UDP 较少的控制选项使数据在传送过程中，延迟较小，数据传送效率较高，适用于对可靠性要求并不高的应用程序，或者可以保障可靠性的应用程序，如 DNS、TFTP、SNMP 等，UDP 也可以用于传送链路可靠的网络。

3.6　网络层协议

网络层位于 TCP/IP 协议族数据链路层和传送层中间，网络层接收传送层的数据报文，分割为合适的大小，用 IP 报文头部封装，交给数据链路层。网络层为了保证数据包的成功转发，主要定义了以下协议：

（1）IP：IP 和路由协议协同工作，寻找能够将数据包传送到目的端的最优路径。

（2）ARP：把已知的 IP 地址解析为 MAC 地址。

（3）RARP：将已知的 MAC 地址解析为 IP 地址。

（4）ICMP：定义了网络层控制和传递消息的功能。

3.6.1　IP

IP（Internet Protocol，网际协议）是 TCP/IP 协议族中最为核心的协议，处于网络层。IP 作为低开销协议设计，它只提供通过互联网系统从源主机向目的主机传送数据包必需的功能。IP 不关心数据报文的内容，提供无连接的、不可靠的服务。

网络层收到传输层的 TCP 数据段后会再加上网络层 IP 头部信息。普通的 IP 头部固定长度为 20 个字节，不包含 IP 选项字段。IP 数据包（Packet）的格式如图 3-14 所示。

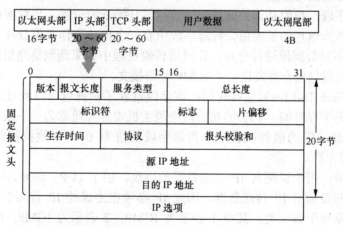

图 3-14　IP 数据包的格式

IP 数据包中包含的主要部分如下。

（1）版本号（Version）：标明了 IP 的版本号。目前的协议版本号为 4，下一代 IP 版本号为 6。

（2）首部长度：指的是以 32 位组（即 4 字节）为单位的 IP 数据包头部长度，包括任选项。由于它是一个 4 位字段，每单位代表 4 字节，因此首部最长为 60 字节。普通 IP 数据报（没有任何选择项）字段的值是 5，即长度为 20 字节。

（3）服务类型（TOS）字段：包括一个 3 位的优先权子字段，4 位的 TOS 子字段和 1 位未用位但必须置 0 的子字段。4 位的 TOS 分别代表：最小时延、最大吞吐量、最高可靠性和最小费用。TOS 中只能置其中一位为 1，如果所有 4 位均为 0，那么就意味着是一般服务。新的路由协议如 OSPF 和 IS-IS 都能根据这些字段的值进行路由决策。

（4）总长度字段：指整个 IP 数据包的长度，以字节为单位。利用首部长度字段和总长度字段，就可以知道 IP 数据报中数据内容的起始位置和长度。由于该字段长 16 位，所以 IP 数据报最长可达 65535 字节。尽管可以传送一个长达 65535 字节的 IP 数据包，但是大多数的链路层都会对它进行分片。总长度字段是 IP 首部中必要的内容，因为一些数据链路（如以太网）需要填充一些数据以达到最小长度。尽管以太网的最小帧长为 46 字节，但是 IP 数据可能会更短。如果没有总长度字段，那么 IP 层就不知道 46 字节中有多少是 IP 数据包的内容。

（5）标志字段：唯一地标志主机发送的每一份数据包。通常每发送一份报文它的值就会加 1。数据链路层一般要限制每次发送数据帧的最大长度。IP 把最大传输单元MTU 与数据包长度进行比较，如果需要则进行分片。分片可以发生在原始发送端主机上，也可以发生在中间路由器上。把一份 IP 数据包分片以后，只有到达目的地才进行重新组装。重新组装由目的端的 IP 层来完成，其目的是使分片和重新组装过程对传送层（TCP 和 UDP）是透明的，即使只丢失一片数据也要重传整个数据包。

已经分片过的数据包有可能会再次进行分片（可能不止一次）。IP 首部中包含的数据为分片和重新组装提供了足够的信息。

对于发送端发送的每份 IP 数据包来说，其标志字段都包含一个唯一值。该值在数据包分片时被复制到每个片中。标志字段用其中一个比特来表示"更多的片"，除了最后一片外，其他每片都要把该比特置 1。

（6）片偏移字段：指的是该片偏移原始数据包开始处的位置。当数据包被分片后，每个片的总长度值要改为该片的长度值。标志字段中有一个比特称作"不分片"位。如果将这一比特置 1，IP 将不对数据报进行分片，在网络传输过程中如果遇到链路层的 MTU 小于数据包的长度时，将数据包丢弃并发送一个 ICMP 差错报文。

（7）TTL（Time-To-Live）生存时间：该字段设置了数据包可以经过的最多路由器数。它指定了数据报的生存时间。TTL 的初始值由源主机设置（通常为 32 或 64），一旦经过一个处理它的路由器，它的值就减去 1。当该字段的值为 0 时，数据报就被丢弃，并发送 ICMP 报文通知源主机。

（8）协议字段：用于识别向 IP 传送数据的协议。由于 TCP、UDP、ICMP 和 IGMP 及一些其他的协议都要利用 IP 传送数据，因此 IP 必须在生成的 IP 首部中加入某种标志，以表明其承载的数据属于哪一类。其中 1 表示为 ICMP，2 表示为 IGMP，6 表示为 TCP，17 表示为 UDP。

（9）首部检验和字段：根据 IP 首部计算的检验和码。它不对首部后面的数据进行计算，因为 ICMP、IGMP、UDP 和 TCP 在它们各自的首部中均含有同时覆盖首部和数据的校验和码。

（10）任选项：是数据包中的一个可变长的可选信息。任选项很少被使用，并非所有的主机和路由器都支持这些选项。选项字段一直都是以 32 位作为界限，在必要的时候插入值为 0 的填充字节。这样就保证 IP 首部始终是 32 位的整数倍。

（11）源 IP 地址和目的 IP 地址：每一份 IP 数据报都包含 32 位的源 IP 地址和目的 IP 地址。

3.6.2 ICMP

ICMP 是一种集差错报告与控制于一身的协议。在所有基于 TCP/IP 协议族协议的主机上都可实现 ICMP。ICMP 消息被封装在 IP 数据包里，ICMP 经常被认为是 IP 层的一个组成部分。它传递差错报文以及其他需要注意的信息。ICMP 报文通常被 IP 层或更高层协议（TCP 或 UDP）使用。一些 ICMP 报文把差错报文返回给用户进程。

常用的 "Ping" 就是使用的 ICMP。"Ping" 这个名字源于声纳定位操作，目的是为了测试另一台主机是否可达。该程序发送一份 ICMP 回应请求报文给主机，并等待返回 ICMP 回应应答。一般来说，如果不能 Ping 到某台主机，那么就不能 Telnet 或者 FTP 到那台主机。反过来，如果不能 Telnet 到某台主机，那么通常可以用 Ping 程序来确定问题出在哪里。Ping 程序还能测出到这台主机的往返时间，以表明该主机离我们有 "多远"。

然而随着 Internet 安全意识的增强，出现了提供访问控制列表的路由器和防火墙，通过 Ping 程序测试另一台主机是否可达时，需要一定的限定条件。一台主机的可达性可能不只取决于 IP 层是否可达，还取决于使用何种协议以及端口号。

3.6.3 ARP 的工作机制

数据链路层协议都有自己的寻址机制（常为 48 位地址），这是使用数据链路的任何网络层都必须遵从的。当一台主机把以太网数据帧发送到位于同一局域网上的另一台主机时，是根据 48 位的以太网地址来确定目的地的。设备驱动程序从不检查 IP 数据报中的目的 IP 地址。

ARP 需要为 IP 地址和 MAC 地址这两种不同的地址形式提供对应关系。

ARP 的工作过程如图 3-15 所示。ARP 发送一个称作 ARP 请求的以太网数据帧给以太网上的每个主机。这个过程称作广播，ARP 请求数据帧中包含目的主机的 IP 地址，其意思是 "如果你是这个 IP 地址的拥有者，请回答你的硬件地址"。

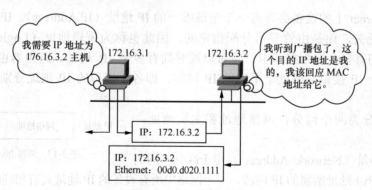

图 3-15 ARP 的工作过程

连接到同一局域网的所有主机都接收并处理 ARP 广播，目的主机的 ARP 层收到这份广播报文后，根据目的 IP 地址判断出这是发送端在寻问它的 MAC 地址。于是发送一个单播 ARP 应答。这个 ARP 应答包含 IP 地址及对应的硬件地址。收到 ARP 应答后，发送端就知道接收端的 MAC 地址了。

ARP 高效运行的关键是由于每个主机上都有一个 ARP 高速缓存。这个高速缓存存放了最近的 IP 地址到硬件地址之间的映射记录。当主机查找某个 IP 地址与 MAC 地址的对应关系时，首先在本机的 ARP 缓存表中查找，只有在找不到时才进行 ARP 广播。

3.6.4 RARP 的工作机制

具有本地磁盘的系统引导时，一般是从磁盘上的配置文件中读取 IP 地址。但是无盘工作站或被配置为动态获取 IP 地址的主机则需要采用其他方法来获得 IP 地址。

RARP 的工作机制如图 3-16 所示。RARP 实现过程是主机从端口卡上读取唯一的硬件地址，然后发送一份 RARP 请求（一帧在网络上广播的数据），请求某个主机（如 DHCP 服务器或 BOOTP 服务器）响应该主机系统的 IP 地址。

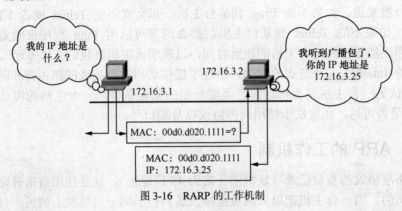

图 3-16　RARP 的工作机制

DHCP 服务器或 BOOTP 服务器接收到了 RARP 的请求，为其分配 IP 地址等配置信息，并通过 RARP 回应发送给源主机。

3.7 IPv4 地址

连接到 Internet 上的设备必须有一个全球唯一的 IP 地址（IP Address）。IP 地址与链路类型、设备硬件无关，而是由管理员分配指定的，因此也称为逻辑地址（Logical Address）。每台主机可以拥有多个网络接口卡，也可以同时拥有多个 IP 地址。路由器也可以看作这种主机，但其每个 IP 接口必须处于不同的 IP 网络，即各个接口的 IP 地址分别处于不同的 IP 网段。

IPv4 地址分为两个部分：网络地址和主机地址，如图 3-17 所示。

IP 地址	网络地址	主机地址

图 3-17　两级 Ipv4 地址结构

（1）网络地址（Network Address）：用于区分不同的 IP 网络，即该 IPv4 地址所属的 IP 网段。一个网络中所有设备的 IP 地址具有相同的网络地址。

（2）主机地址（Host Address）：用于标志该网络内的一个 IP 节点。在一个网段内部，主机地址是唯一的。

为方便书写及记忆，一个 IPv4 地址通常采用用 0~255 之内的 4 个十进制数表示，数之间用点号分开。这些十进制数中的每一个都代表 32 位地址的其中 8 位，即所谓的位位组，称为点分表示法。

按照原来的定义，IPv4 寻址标准并没有提供地址类，为了便于管理后来加入了地址类的定义。地址类的实现将地址空间分解为数量有限的特大型网络（A 类），数量较多的中等网络（B 类）和数量非常多的小型网络（C 类）。

另外，还定义了特殊的地址类，包括 D 类（用于多点传送）和 E 类（通常指试验或研究类）。IPv4 地址的分类如图 3-18 所示。

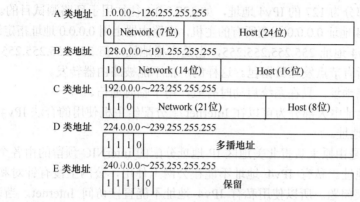

图 3-18　IPv4 地址的分类

IPv4 地址的类别可以通过查看地址中的前 8 位位组而确定。最高位的数值决定了地址类。位格式也定义了和每个地址类相关的 8 位位组的十进制的范围。

A 类：A 类地址，8 位分配给网络地址，24 位分配给主机地址。如果第 1 个 8 位位组中的最高位是 0，则地址是 A 类地址。这对应于 0～127 的可能的八位位组。在这些地址中，0 和 127 具有保留功能，所以实际的范围是 1～126。A 类中仅仅有 126 个网络可以使用。因为仅为网络地址保留了 8 位，第 1 位必须是 0。然而，主机数字可以有 24 位，所以每个网络可以有 16777214 个主机。

B 类：B 类地址中，为网络地址分配了 16 位，为主机地址分配了 16 位，一个 B 类地址可以用第 1 个 8 位位组的前两位为 10 来识别。这对应的值范围为 128～191。既然前两位已经预先定义，则实际上为网络地址留下了 14 位，所以可能的组合产生了 16384 个网络，而每个网络包含 65534 个主机。

C 类：C 类为网络地址分了 24 位，为主机地址留下了 8 位。C 类地址的前 8 位位组的前 3 位为 110，这对应的十进制数范围为 192～223。在 C 类地址中，仅仅最后的 8 位位组用于主机地址，这限制了每个网络最多仅仅能有 254 个主机。既然网络编号有 21 位可以使用（3 位已经预先设置为 110），则共有 2097152 个可能的网络。

D 类：D 类地址以 1110 开始。这代表的 8 位位组范围为 224～239。这些地址并不用于标准的 IPv4 地址。相反，D 类地址指一组主机，它们作为多点传送小组的成员而注册。多点传送小组和电子邮件分配列表类似。正如可以使用分配列表名单来将一个消息发布给一群人一样，可以通过多点传送地址将数据发送给一些主机。多点传送需要特殊的路由配置，在默认情况下，它不会转发。

E 类：如果第 1 个 8 位位组的前 4 位都设置为 1111，则地址是一个 E 类地址。这些地址的范围为 240～254，这类地址并不用于传统的 IPv4 地址，多用于实验室或研究。

本书讨论内容的重点是 A 类、B 类和 C 类，因为它们是用于常规 IP 寻址类别。

IPv4 地址用于唯一的标志一台网络设备，但并不是每一个 IPv4 地址都是可用的，一些特殊的 IPv4 地址被用于各种各样的用途，不能用于标志网络设备，有以下 6 类：

（1）对于主机部分全为 0 的 IPv4 地址，称为网络地址，网络地址用来标志一个网段。

如 A 类地址 1.0.0.0，私有地址 10.0.0.0、192.168.1.0 等。

（2）对于主机部分全为 1 的 IPv4 地址，称为网段广播地址，广播地址用于标志一个网络的所有主机。如 10.255.255.255、192.168.1.255 等，路由器可以在 10.0.0.0、192.168.1.0 等网段转发广播包。广播地址用于向本网段的所有节点发送数据包。

（3）对于网络部分为 127 的 IPv4 地址，如 127.0.0.1 往往用于环路测试目的。

（4）全 0 的 IPv4 地址 0.0.0.0 代表所有的主机，在路由器上用 0.0.0.0 地址指定缺省路由。

（5）全 1 的 IPv4 地址 255.255.255.255，也是广播地址，但 255.255.255.255 代表所有主机，用于向网络的所有节点发送数据包。这样的广播不能被路由器转发。

（6）全 0 的网络地址，只在系统启动时有效，用于临时通信。

A、B、C3 类地址中大部分为可以在 Internet 上分配给主机使用的合法 IPv4 地址，还有一部分为私有 IPv4 地址。

私有 IPv4 地址是由原来负责北美地区 IP 地址分配的 InterNIC 预留的由各个企业内部网自由支配的 IPv4 地址。私有 IPv4 地址不能在公网上使用，公网上没有针对私有地址的路由，会产生地址冲突问题。所以使用私有 IPv4 地址不能直接访问 Internet。当访问 Internet 时，需要利用网络地址解析技术，把私有 IPv4 地址转换为 Internet 可识别的公有 IPv4 地址。私有 IPv4 地址的使用不仅减少了用于购买公有 IPv4 地址的投资，而且节省了 IPv4 地址资源。InterNIC 预留了以下网段作为私有 IPv4 地址：

```
10.0.0.0～10.255.255.255
172.16.0.0～172.31.255.255
192.168.0.0～192.168.255.255
```

3.8 IPv6 地址

3.8.1 IPv6 地址简介

网际协议版本 6（Internet Protocol Version 6，IPv6）是网络层协议的第二代标准协议，也被称为下一代因特网（IP Next Generation，IPng），它是 IETF 设计的一套规范，是 IPv4 的升级版本。IPv6 和 IPv4 之间最显著的区别为：IP 地址的长度从 32 位增加到 128 位。

IPv6 地址包括 128 位，由使用由冒号分隔的 16 位的十六进制数表示，16 位的十六进制数对大小写不敏感，如 FEDC:BA98:7654:3210:FEDC:BA98:7654:3210。另外，对于中间比特连续为 0 的情况，还提供了简易表示方法：把连续出现的 0 省略掉，用::代替（注意::只能出现一次，否则不能确定到底有多少省略的 0），如下所示：

```
1080:0:0:0:8:800:200C:417A 等价于 1080::8:800:200C:417A
FF01:0:0:0:0:0:0:101 等价于 FF01::101
0:0:0:0:0:0:0:1 等价于::1
0:0:0:0:0:0:0:0 等价于::
```

类似于 IPv4 中的 CDIR 表示法，IPv6 用前缀来表示网络地址空间。多个子网前缀可分配给同一链路。IPv6 地址前缀表示如下：

```
ipv6-address/prefix-length
```

其中，ipv6-address 为十六进制表示的 128 位地址；prefix-length 为十进制表示的地址前缀长度。如 2001:251:e000::/48 表示前缀为 48 位的地址空间，其后的 80 位可分配给网络中的主机，共有 2 的 80 次方个地址。

常见的 IPv6 地址及其前缀如下：

（1）::/128：即 0:0:0:0:0:0:0:0，只能作为尚未获得正式地址的主机的源地址，不能作为目的地址，不能分配给真实的网络接口。

（2）::1/128：即 0:0:0:0:0:0:0:1，回环地址，相当于 IPv4 中的 localhost（127.0.0.1），ping locahost 可得到此地址。

（3）2001::/16：全球可聚合地址，由 IANA 按地域和 ISP 进行分配，是最常用的 IPv6 地址，属于单播地址。

（4）2002::/16：6 to 4 地址，用于 6 to 4 自动构造隧道技术的地址，属于单播地址。

（5）3ffe::/16：早期开始的 IPv6 6bone 试验网地址，属于单播地址。

（6）fe80::/10：本地链路地址，用于单一链路，适用于自动配置、邻机发现等，路由器不转发以 fe80 开头的地址。

（7）ff00::/8：多播地址。

（8）::A.B.C.D：兼容 IPv4 的 IPv6 地址，其中<A.B.C.D>代表 IPv4 地址，如::122.1.1.1，自动将 IPv6 包以隧道方式在 IPv4 网络中传送的 IPv4/IPv6 节点将使用这些地址。

3.8.2　IPv6 地址类型

IPv6 定义了 3 种地址类型：单播地址（Unicast）、任播地址（Anycast）和多播地址（Multicast）。

1．单播地址

单播地址（Unicast）是单个接口的标识符。发送到此地址的数据包被传递给标识的接口。通过高序位 8 位字节的值来将单播地址与多播地址区分开来。多播地址的高序列 8 位字节具有十六进制值 FF。此 8 位字节的任何其他值都标识单播地址。IPv6 单播地址由子网前缀和接口 ID 两部分组成。子网前缀由 IANA、ISP 和各组织分配。接口标识符目前定义为 64 位，可以由本地链路标识生成或采用随机算法生成以保证唯一性。

2．任播地址

任播地址（Anycast）也叫泛播地址，是一组接口的标识符（通常属于不同的节点）。发送到此地址的数据包被传递给该地址标识的所有接口。IPv6 泛播地址的用途之一是用来标识属于同一提供因特网服务的组织的一组路由器。这些地址可在 IPv6 路由头中作为中间转发路由器，以使报文能够通过特定一组路由器进行转发。另一个用途是标识特定子网的一组路由器，报文只要被其中一个路由器接收即可。

3．多播地址

IPv6 多播地址（Multicast）用来标识一组接口，一般这些接口属于不同的节点。一个节点可能属于 0 到多个多播组。发往多播地址的报文被多播地址标识的所有接口接收。多播分组前 8 位设置为 FF。

IPv6 地址应用举例。

1．单播地址配置

```
Router(config-if)#ipv6 ADDRESS 2001:0DB8:1:: /64 EUI-64
```

2. 任播地址配置

```
Router(config-if)#ipv6 address 2001 :0db8 :1::1/64
Router(config-if)# ipv6 address 2002:0db8:6301::/128 anycast
Router(config-if)#2001 :DB8 :1 :1:FFFF:FFFF:FFFF:FFFE/64 anycast
```

3.8.3　IPv4 和 IPv6 比较

经过一个较长的 IPv4 和 IPv6 共存的时期，IPv6 最终会完全取代 IPv4 在互连网上占据统治地位。随着因特网的迅猛发展，IPv4 设计的不足也日益明显，主要有以下几点。

（1）IPv4 地址空间不足。IPv4 地址采用 32 位标识，理论上能够提供的地址数量是 43 亿。但由于地址分配的原因，实际可使用的数量不到 43 亿。随着因特网发展，IPv4 地址空间不足问题日益严重。

（2）骨干路由器维护的路由表的表项数量过大。由于 IPv4 发展初期的分配规划的问题，造成许多 IPv4 地址块分配不连续，不能有效聚合路由。目前全球 IPv4 BGP 路由表仍不断在增长，已经达到 17 万多条，经过 CIDR 聚合以后的 BGP 也将近 10 万条。日益庞大的路由表耗用内存较多，对设备成本和转发效率都有一定的影响，这一问题促使设备制造商不断升级其路由器产品，提高其路由寻址和转发的性能。

（3）不易进行自动配置和重新编址。由于 IPv4 地址只有 32 位，地址分配也不均衡，经常在需要在网络扩容或重新部署时，需要重新分配 IP 地址，因此需要能够进行自动配置和重新编址以减少维护工作量。

（4）不能解决日益突出的安全问题。随着因特网的发展，安全问题越来越突出。IPv4 协议制定时并没有仔细针对安全性进行设计，因此固有的框架结构并不能支持端到端安全。因此，安全问题也是促使新的 IP 出现的一个动因。

IPv6 技术具有如下优点。

（1）128 位地址结构，提供充足的地址空间。近乎无限的 IP 地址空间是部署 IPv6 网络最大的优势。和 IPv4 相比，IPv6 的地址比特数是 IPv4 的 4 倍（从 32 位扩充到 128 位）。128 位地址可包含约 43 亿×43 亿×43 亿×43 亿个地址节点，足已满足任何可预计的地址空间分配（IPv4 理论上能够提供的上限是 43 亿个，而 IPv6 理论上地址空间的上限是 43 亿×43 亿×43 亿×43 亿）。

（2）层次化的网络结构，提高了路由效率。IPv6 地址长度为 128 位，可提供远大于 IPv4 的地址空间和网络前缀，因此可以方便地进行网络的层次化部署。同一组织机构在其网络中可以只使用一个前缀。分层聚合使全局路由表项数量很少，转发效率更高。

（3）IPv6 报文头简洁、灵活，效率更高，易于扩展。IPv6 报文头处理比 IPv4 大大简化，提高了处理效率。另外，IPv6 为了更好支持各种选项处理，提出了扩展头的概念，新增选项时不必修改现有结构就能做到，理论上可以无限扩展，体现了优异的灵活性。

（4）支持自动配置，即插即用。IPv6 内置支持通过地址自动配置方式使主机自动发现网络并获取 IPv6 地址，大大提高了内部网络的可管理性。使用自动配置，用户设备（如移动电话、无线设备）可以即插即用而无需手工配置或使用专用服务器（如 DHCP Server）。

（5）支持端到端安全。IPv4 中也支持 IP 层安全特性（IPSec），但只是通过选项支持，实际部署中多数节点都不支持。IPSec 是 IPv6 基本定义中的一部分，任何部署的节点都必须能够支持。因此，在 IPv6 中支持端到端安全要容易的多。

（6）支持移动特性。IPv6 规定必须支持移动特性，任何 IPv6 节点都可以使用移动 IP 功能。和移动 IPv4 相比，移动 IPv6 使用邻居发现功能可直接实现外地网络的发现并得到转交地址，而不必使用外地代理。同时，利用路由扩展头和目的地址扩展头移动节点和对等节点之间可以直接通信，解决了移动 IPv4 的三角路由、源地址过滤问题，移动通信处理效率更高且对应用层透明。

（7）新增流标签功能，更利于支持 QoS。IPv6 报文头中新增了流标签域，源节点可以使用这个域标识特定的数据流。

3.9　变长子网掩码 VLSM 技术

VLSM（Variable Length Subnet Mask，可变长子网掩码）技术用于将主类网络按照需要分成多个子网。

早期的 Internet 是一个简单的二级网络结构。自然分类法将 IP 地址划分为 A、B、C、D、E 类。随着时间的推移，网络技术逐渐成熟，网络的优势被许多大型组织所认知，网络的应用越来越广泛。仅依靠自然分类的 IP 地址分配方案，对 IP 地址进行简单的两层划分，无法应对 Internet 的爆炸式增长。

上世纪 80 年代中期，IETF 在 RFC 950 和 RFC 917 中针对简单的两层结构 IP 地址所带来的日趋严重的问题提出了解决方法，这个方法称为子网划分，即允许将一个自然分类的网络分解为多个子网（Subnet）。

子网划分的方法是从 IP 地址的主机地址部分借用若干位作为子网地址，剩余的位作为主机地址，如图 3-19 所示。于是两级的 IP 地址就变为三级的 IP 地址，包括网络地址、子网地址和主机地址。这样，拥有多个物理网络的机构可以将所属的物理网络划分为若干个子网。

划分子网其实就是将原来地址中的主机位借位作为子网位来使用。目前规定借位必须从左向右连续借位，即子网掩码中的 1 和 0 必须是连续的。子网划分使得 IP 网络和 IP 地址出现多层次结构，为了把主机地址和子网地址区分开，就必须使用子网

子网划分前的两级 IP 地址

IP 地址	网络地址	主机地址

子网划分后的三级 IP 地址

IP 地址	网络地址	子网地址	主机地址

图 3-19　子网划分的方法

掩码（Subnet Mask）。子网掩码和 IP 地址一样都是 32 位长度，子网掩码中的 1 对应于 IP 地址中的网络地址和子网地址，子网掩码中的 0 对应 IP 地址中的主机地址。将子网掩码和 IP 地址进行逐位逻辑与运算，就能得出该 IP 地址的网络地址。

习惯上有两种方式来表示一个子网掩码，第一种为点分十进制表示法，与 IP 地址类似，将二进制的子网掩码划分为点分十进制形式。如 C 类默认子网掩码 11111111 11111111 11111111 00000000 可以表示为 255.255.255.0。第二种为位数表示法，也称为斜线表示法，即在 IP 地址后面加上一个斜线 “/”，然后写上子网掩码中的二进制 1 的位数。如 C 类默认子网掩码 11111111 11111111 11111111 00000000 可以表示为/24。

由于子网划分的出现，使得原本简单的 IP 地址规划和分配工作变得复杂起来。下面介绍几种常用的子网划分的方法。

1．计算子网内可用主机地址数

如果子网的主机位数为 N，那么该子网中可用的主机数目为 2^N-2 个，如图 3-20 所示。减 2 是因为有两个地址不可用，即主机地址为全 0 和全 1。当主机地址为全 0 时，表示该子网的网络地址；当主机地址为全 1 时，表示该子网的广播地址。

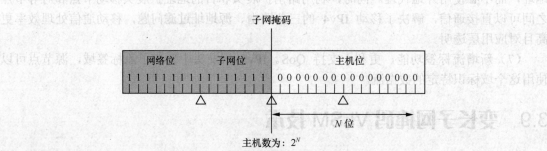

图 3-20　计算子网内可用主机地址数

例如，已知一个 C 类网络划分成子网后为 190.100.10.136，子网掩码为 255.255.255.240，计算该子网内可供分配的主机地址数量。

要计算可供分配的主机数量，就必须要知道主机地址的位数。计算过程如下：

（1）计算掩码的位数。将十进制掩码 255.255.255.248 换算成二进制掩码为：11111111.11111111.11111111.11111000，掩码的位数是 29。

（2）计算主机地址位数。主机地址位数 $N=32-29=3$。

（3）计算主机数。该子网内可用的主机数量为 $2^3-2=6$。

这 6 个可用主机地址分别是 190.100.10.137～190.100.10.142。其中地址 190.100.10.136 为整个子网的网络地址，而 190.100.10.143 为整个子网的广播地址，都不能分配给主机使用。

2．根据主机数量划分子网

在子网划分计算中，有时需要在已知每个子网内需要容纳的主机数量的前提下，来划分子网。此类问题的计算方法总结如下：

（1）计算主机地址的位数。假设每个子网内需要划分出 Y 个 IP 地址，那么当 Y 满足公式 $2^N \geqslant Y+2 \geqslant 2^{N-1}$ 时，N 就是主机地址的位数。其中"+2"是因为需要考虑主机地址为全 0 和全 1 的情况。在这个公式中也存在这样的含义：在满足主机数量符合要求的情况下，能够划分更多的子网。

（2）计算子网掩码的位数。计算出主机地址的位数 N 后，可得出子网掩码位数为 $32-N$。

（3）根据子网掩码的位数计算出子网地址的位数 M。根据子网位数计算子网个数的公式为：子网个数=2^M，其中 M 为子网位数。

例如，要将一个 C 类网络 192.168.1.0 划分成若干个子网，要求每个子网的主机数为 30 台，计算过程如下：

（1）根据子网划分要求，每个子网的主机地址数量 Y 为 30。

（2）计算网络主机地址的位数。根据公式 $2^N \geqslant Y+2 \geqslant 2^{N-1}$，计算出 $N=5$。

（3）计算子网掩码的位数。子网掩码位数为 $32-5=27$，子网掩码为 255.255.255.224。

根据子网掩码位数得知子网地址位数为 3，那么该网络能划分 9 个子网，这些子网分别是 192.168.1.0、192.168.1.32…192.168.1.224。

3. 根据子网数划分子网

子网划分计算中，有时要在已知需要划分子网数量的前提下，来划分子网。当然，这类划分子网问题的前提是每个子网需要包括尽可能多的主机。如果不要求子网包括尽可能的主机，那么子网位位数可以随意划分成很大，而不是最小的子网位数，这样就浪费了大量的主机地址。

如将一个 B 类地址 172.16.0.0 划分成 10 个子网，那么子网位位数应该是 4，子网掩码为 255.255.240.0。如果不考虑子网包括尽可能多的主机的话，子网位位数可以随意划分成为 5、6、7…14，这样的话，主机地址位数就变成 11、10、9…2，可用主机地址就大大减少了。

同样，划分子网就必须得知道划分子网后的子网掩码，需要计算子网掩码。此类问题的计算方法总结如下：

（1）计算子网地址的位数。假设需要划分 X 个子网，每个子网包括尽可能多的主机地址。那么当 X 满足公式 $2M \geqslant X \geqslant 2M-1$ 时，M 就是子网地址的位数。

（2）由子网位地址位数计算出子网掩码并划分子网。

例如，需要将 B 类网络 172.16.0.0 划分成 30 个子网，要求每个子网包括尽可能多的主机。计算过程如下：

（1）按照子网规划需求，需要划分的子网数 $X=30$。

（2）计算子网地址的位数。根据公式 $2^M \geqslant X \geqslant 2^{M-1}$，计算出 $M=5$。

（3）计算子网掩码。子网掩码位数为 16+5=21，子网掩码为 255.255.248.0。

（4）由于子网地址位数为 5，所以该 B 类网络 172.16.0.0 总共能划分成 $2^5=32$ 个子网。这些子网分别是 172.16.0.0、172.16.8.0、172.16.16.0…172.16.248.0，任意取其中的 30 个即可满足需求。

 习题

1．OSI 参考模型与 TCP/IP 协议族协议有哪些相同点，有哪些不同点？

2．解释封装与解封装的含义。

3．以用户浏览网站为例说明数据的封装、解封装过程。

4．画出 TCP/IP 协议族的构成，说明其包含的典型协议的作用。

5．TCP 和 UDP 的主要区别是什么？

6．端口号具有什么作用？

7．说明确认号和序列号的功能。

8．TCP/IP 协议族是怎样建立连接的？

9．说明 TCP/IP 协议族终止连接的过程。

10．ARP 和 RARP 的功能是什么？

11．IP 数据包头部包含哪些内容？

12．请描述 ARP 进行地址解析的过程。

13．若网络中 IP 地址为 131.55.223.75 的主机的子网掩码为 255.255.224.0；IP 地址为

131.55.213.73 的主机的子网掩码为 255.255.224.0，问这两台主机属于同一子网吗？

14．168.1.88.10 是哪类 IP 地址？它的默认网络掩码是多少？如果对其进行子网划分，子网掩码是 255.255.240.0 ，请问有多少个子网？每个子网有多少个主机地址可以用？

15．某公司分配到 C 类地址 201.222.5.0，假设需要 20 个子网，每个子网有 5 台主机，该如何划分子网？

【学习目标】

理解常用网络通信设备的功能（重点）

掌握交换机的基本配置方法（重点）

掌握交换机的常用配置命令（重点）

掌握路由器的基本配置方法（重点）

掌握路由器的常用配置命令（重点）

关键词： 网络通信设备；交换机的基本配置；路由器的基本配置

4.1 常用网络通信设备介绍

在介绍常用网络设备之前，我们先了解一下两个概念：冲突域和广播域。如果一个区域中的任意一个节点可以收到该区域中其他节点发出的任何帧，那么该区域为一个冲突域。如果一个区域中的任意一个节点都可以收到该区域中其他节点发出的广播帧，那么该区域为一个广播域。

1．集线器

集线器（Hub）工作在物理层，是单一总线共享式设备，提供很多网络端口，可将网络中多个计算机连在一起。通过 Hub 连接的计算机构成的网络在物理上是星状拓扑，但在逻辑上是总线状拓扑。工作站通过 Hub 相连时共享同一个传输媒体，所以所有的设备都处于同一个冲突域，所有的设备都处于同一个广播域，设备共享相同的带宽。

2．交换机

二层交换机（Switch）是数据链路层的设备，它能够读取数据帧中的 MAC 地址信息并根据 MAC 地址来进行交换。它隔离了冲突域，所以交换机每个端口都是单独的冲突域。

交换机内部有一个地址表，这个地址表标明了 MAC 地址和交换机端口的对应关系。当交换机从某个端口收到一个数据帧，首先读取帧头中的源 MAC 地址，这样它就知道源 MAC 地址的设备是连在哪个端口上的，再去读取帧头中的目的 MAC 地址，并在地址表中查找相应的端口。如果表中有与该目的 MAC 地址对应的端口，则把数据帧直接复制到这个端口上。如果在表中找不到相应的端口则把数据帧广播到所有端口上，当目的设备对源设备回应时，交换机又可以学习到这一目的 MAC 地址与哪个端口对应，在下次传送数据时就不再需要对所有端口进行广播了。二层交换机就是这样建立和维护它自己的地址表。

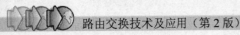

由于二层交换机一般具有很宽的交换总线带宽，所以可以同时为很多端口进行数据交换。如果二层交换机有 N 个端口，每个端口的带宽是 M，而它的交换机总线带宽超过 N×M，那么这交换机就可以实现线速交换。二层交换机对广播包是不做限制的，把广播包复制到所有端口上。可见，连接到交换机上的所有设备处于同一广播域中。

3. 路由器

路由器（Router）是工作于网络层的设备。路由器内部有一个路由表，该表标明了数据发往某个地址，下一步应该往哪走。路由器从某个端口收到一个数据，它首先把链路层的帧头去掉，读取目的 IP 地址，然后查找路由表，若能确定下一步往哪送，则再加上链路层的帧头，把该数据转发出去；如果不能确定下一步的地址，则向源地址返回一个信息，并把这个数据丢掉。

路由和交换之间的主要区别就是交换发生在 OSI 参考模型的第二层，而路由发生在第三层。这一区别决定了路由和交换在传送数据的过程中需要使用不同的控制信息，所以两者实现各自功能的方式是不同的。

路由技术由两项最基本的活动组成，即决定最优路径和传输数据包。其中，数据包的传输较为简单直接，而路由较为复杂。路由算法在路由表中写入各种不同的信息，路由器会根据数据包所要到达的目的地选择最佳路径把数据包发送到。

4. 路由交换机

路由交换机又称三层交换机，是带有路由功能的交换机，是路由器功能与交换机功能的有机结合。从硬件方面看，第二层交换机的端口模块都是通过高速背板/总线（速率可高达几十 Gbit/s）交换数据的，在第三层交换机中，与路由器有关的第三层路由硬件模块也插接在高速背板/总线上，使得路由模块可以与需要路由的其他模块间高速地交换数据，突破了传统的外接路由器端口速率的限制。软件方面，第三层交换机将传统的路由器软件进行了界定，对于数据包的转发，如 IP/IPX 包的转发，这些有规律的过程通过硬件来高速实现；对于路由信息的更新、路由表维护、路由计算、路由的确定等功能，用优化、高效的软件实现。

假设两个使用 IP 的设备通过三层交换机进行通信，设备 A 在开始发送时，已知目的 IP 地址，但尚不知道在局域网上发送所需要的 MAC 地址。要采用地址解析（ARP）来确定目的 MAC 地址。设备 A 把自己的 IP 地址与目的 IP 地址比较，从其软件中配置的子网掩码提取出网络地址来确定目的设备是否与自己在同一子网内。若目的设备 B 与设备 A 在同一子网内，A 广播一个 ARP 请求，B 返回其 MAC 地址，A 得到目的设备 B 的 MAC 地址后将这一地址缓存起来，并用此 MAC 地址封装转发数据，第二层交换模块查找 MAC 地址表确定将数据帧发向目的端口。若两个设备不在同一子网内，如发送设备 A 要与目的设备 C 通信，发送设备 A 要向默认网关发出 ARP 包，而默认网关的 IP 地址已经在系统软件中设置。这个 IP 地址实际上对应第三层交换机的第三层交换模块。所以当发送设备 A 对"默认网关"的 IP 地址广播出一个 ARP 请求时，若第三层交换模块在以往的通信过程中已得到目的设备 C 的 MAC 地址，则向发送设备 A 回复 C 的 MAC 地址；否则第三层交换模块根据路由信息向目的设备广播一个 ARP 请求，目的设备 C 得到此 ARP 请示后向第三层交换模块回复其 MAC 地址，第三层交换模块保存此地址并回复给发送设备 A。当再进行 A 与 C 之间数据包转发时，将用最终的目的设备的 MAC 地址封装，数据转发过程全部交给第二层交换处理，信息得以高速交换，即所谓的一次选路，多次交换。

5．常用设备的对比

二层交换机主要用在小型局域网中，设备数量在二三十台以下，这样的网络环境下，广播包影响不大。二层交换机的快速交换功能、多个接入端口和低廉价格为小型网络用户提供了很完善的解决方案。在这种小型网络中根本没必要使用路由器和三层交换机，增加管理的难度和费用。

三层交换机是为 IP 设计的，端口类型简单，拥有很强的二层包处理能力。大型局域网为了减小广播风暴的危害，必须按功能或地域等因素划分为多个小局域网，也就是多个小网段，这导致不同网段之间存在大量的互访。使用二层交换机没办法实现网间的互访，而使用路由器，由于端口数量有限，路由速度较慢，限制了网络的规模和访问速度。所以由二层交换技术和路由技术结合而成的三层交换机最为适用于大型局域网。

路由器端口类型多，支持的三层协议多，路由能力强，所以适合于大型网络之间的互连。不少三层交换机甚至二层交换机都有异质网络的互连端口，但一般大型网络的互连端口不多，互连设备的主要功能不在于端口之间的快速交换，而是要选择最佳路径，进行负载分担，链路备份和与其他网络进行路由信息交换，所有这些都是路由完成的功能。在这种情况下，自然不可能使用二层交换机，但是否使用三层交换机，则视具体情况而定。影响的因素主要有网络流量、响应速度要求和投资预算等。三层交换机的最重要目的是加快大型局域网内部的数据交换，揉合进去的路由功能也是为这目的服务的，所以它的路由功能没有同一档次的专业路由器强。在网络流量很大的情况下，如果三层交换机既做网内的交换，又做网间的路由，必然会大大加重了它的负担，影响响应速度。在网络流量很大，但又要求响应速度很高的情况下由三层交换机做网内的交换，由路由器专门负责网间的路由工作，这样可以充分发挥不同设备的优势，是一个很好的配合。当然，如果受到投资预算的限制，由三层交换机兼做网间互连，也是个不错的选择。

4.2 交换机的基本配置

4.2.1 交换机配置环境搭建

下面以华为设备为例，介绍交换机的配置环境搭建。华为公司数据通信产品使用的网络操作系统是通用路由平台 VRP。目前，系统支持的一般配置方式有以下 3 种：

（1）通过 Console 口进行本地配置；

（2）通过 AUX 口进行本地或远程配置；

（3）通过 Telnet 或 SSH 进行本地或远程配置。

1．通过 Console 口配置

以下两种情况只能通过 Console 口搭建配置环境：（1）路由器第一次上电。（2）无法通过 Telnet 或 AUX 口搭建配置环境。

通过 Console 口配置路由器的操作步骤如下：

（1）操作步骤一：连接配置电缆。

① 将路由器随机所带的配置电缆取出；

② RJ45 头一端接在路由器的 Console 口上；

③ 9针（或25针）RS232端口一端接在计算机的串行口（COM）上，如图4-1所示。

图 4-1　通过 Console 口配置

（2）操作步骤二：创建超级终端。

① 在计算机上运行终端仿真程序（WIN XP 的"超级终端"等）；

② 单击"开始"→"程序"→"附件"→"通信"→"超级终端"；

③ 单击"超级终端"目录后，出现"新建连接"，输入任意字符作为名字，选择使用相应的 COM 连接，单击"确定按钮"后，出现图 4-2 所示的对话框，在该对话框中设置如下：9600bit/s、8 位数据位、1 位停止位、无奇偶校验和无流量控制，然后单击"确定按钮"，即可登录设备进行操作。

通过 Console 口配置是网络设备的基本配置方法，也是网络构建、设备调试过程中最常用到的方式。

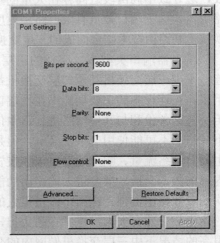

图 4-2　超级终端环境配置

2. 通过 Telnet 配置

如果路由器非第一次上电，而且用户已经正确配置了路由器各端口的 IP 地址，并配置了正确的登录验证方式和呼入呼出受限规则，在配置终端与路由器通信正常的情况下，可以用 Telnet 通过局域网或广域网登录到路由器，对路由器进行配置，如图 4-3 所示。

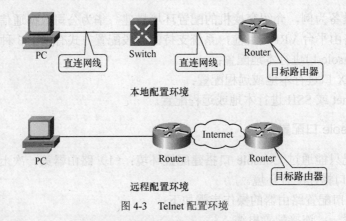

图 4-3　Telnet 配置环境

采用本地配置方式时，PC 等配置终端的 IP 地址需要与路由器以太网口的 IP 地址处于同一网段。

如果路由器和配置终端之间跨越了广域网，则首先要保证配置终端与目标路由器之间存在可达路由且通信正常，然后才可以通过 Telnet 登录路由器，如图 4-4 所示。

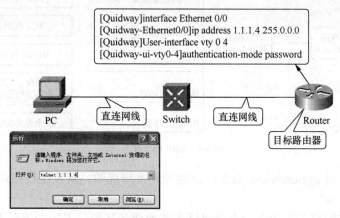

图 4-4 Telnet 配置举例

通过 Telnet 方式配置路由器之前，必须要在路由器上进行如下配置并保证配置终端和路由器维护网口之间通信正常，即从配置终端能够 Ping 通路由器维护网口 IP 地址，另外还需要设置用户登录时使用的参数，包括对登录用户的验证方式。对登录用户的验证方式有 3 种，password 验证：登录用户需要输入正确的口令；AAA 本地验证：登录用户需要输入正确的用户名和口令；不验证：登录用户不需要输入用户名或口令。另外还需要配置登录用户的权限。

3．通过 AUX 口配置

通过 AUX 口配置路由器如图 4-5 所示，在配置终端的串口和路由器的 AUX 口分别连接 Modem，Modem 间通过 PSTN 网络连接。

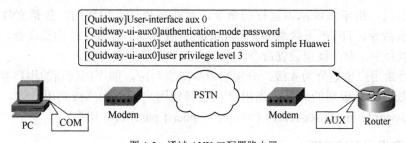

图 4-5 通过 AUX 口配置路由器

4.2.2 VRP 配置基础

使用前面讲述的方法登录交换机后，即进入用户视图。在用户视图中用< >表示，如<Quidway>这个视图就是用户视图，如图 4-6 所示。在用户视图中只能执行文件管理、查看、调试等命令，不能够执行设备维护、配置修改等工作。如果需要对网络设备进行配置，必须在相应的视图模式下可以进行。如需要对端口创建 IP 地址，那么就必须在端口视图下。用户只有首先进入到系统视图后，才能进入其他的子视图。

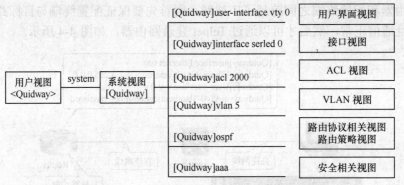

图 4-6　VRP 命令视图

从用户视图使用 system-view 命令可以切换到系统视图，从系统视图使用 quit 命令可以切换到用户视图。

从系统视图使用相关的业务命令可以进入其他业务视图，不同的视图下可以使用的命令也不同。

系统命令采用分级方式，如图 4-7 所示。

命令从低到高划分为 4 个级别。

（1）参观级：包括网络诊断工具命令（包括 Ping、Tracert）、从本设备出发访问外部设备的命令（包括 Telnet、SSH、Rlogin）等。

（2）监控级：用于系统维护、业务故障诊断，包括 display、debugging 等命令。

（3）配置级：用于业务配置的命令，包括路由、各个网络层次的命令，向用户提供直接网络服务。

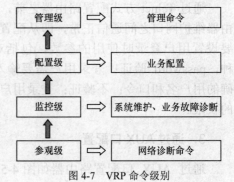

图 4-7　VRP 命令级别

（4）管理级：用于系统基本运行的命令，对业务提供支撑作用，包括文件系统操作命令、FTP 下载命令、TFTP 下载命令、Xmodem 下载命令、配置文件切换命令、备板控制命令、用户管理命令、命令级别设置命令、系统内部参数设置命令等。

系统对登录用户也划分为 4 级，分别与命令级别对应，即不同级别的用户登录后，只能使用等于或低于自己级别的命令。当用户从低级别用户切换到高级别用户时，需要使用命令：super password [level user-level] { simple | cipher } password 切换。

1．进入和退出系统视图

（1）从用户视图进入系统视图。

```
<Quidway>system-view
Enter system view, return user view with Ctrl+Z
```

（2）从系统视图进入端口视图。

```
[Quidway]interface Serial 0/0/0
[Quidway-Serial0/0/0]
```

（3）从端口视图退回到系统视图。

```
[Quidway-Serial0/0/0]quit
[Quidway]
```

（4）从系统视图退回到用户视图。

```
[Quidway]quit
<Quidway>
```

命令 quit 的功能是返回上一层视图，在用户视图下执行 quit 命令就会退出系统。

命令 return 可以使用户从任意非用户视图退回到用户视图。return 命令的功能也可以用组合键<Ctrl+Z>完成。

2．命令行在线帮助

命令行端口提供图 4-8 所示的两种在线帮助：完全帮助和部分帮助。

<Quidway>?　//在任一命令视图下，键入"?"获取该命令视图下所有的命令及其简单描述。

图 4-8　VRP 命令行在线帮助

<Quidway>display ?　//键入一命令，后接以空格分隔的"?"，如果该位置为参数，则列出有关的参数描述。

[Quidway]interface ethernet ?　//键入一字符串，其后紧接"?"，列出以该字符串开头的所有命令：

<3-3>　Slot number

<Quidway>d?　//键入一命令，后接一字符串紧接"?"，列出命令以该字符串开头的所有关键字：

Debugging delete dir display

<Quidway>display h?　//输入命令的某个关键字的前几个字母，按下<tab>键，可以显示出完整的关键字：

history-command

命令行端口提供了基本的命令编辑功能，支持多行编辑，每条命令的最大长度为 256 个字符。各功能键详细描述见表 4-1。

表 4-1　　　　　　　　　　　　　　　部分功能键介绍

功能键	功能
普通按键	字符输入
退格键 Back Space	删除光标位置的前一个字符
左光标键←或<Ctrl+B>	光标向左移动一个字符位置
右光标键→或<Ctrl+F>	光标向右移动一个字符位置
<Ctrl+A>	将光标移动到当前行的开头
<Ctrl+E>	将光标移动到当前行的末尾
<Ctrl+C>	停止当前正在执行的功能
删除键 Delete	删除光标位置字符
上下光标键↑↓	显示历史命令
Tab 键	输入不完整的关键字后按下 Tab 键，系统自动执行部分帮助

3．历史命令查询

命令行端口将用户键入的历史命令自动保存，用户可以随时调用命令行端口保存的历史命令，并重复执行。VRP 历史命令查询见表 4-2。默认状态下，命令行端口为每个用户最多保存 10 条历史命令。

表 4-2   VRP 历史命令查询

命令或功能键	功能
display history-command	显示历史命令
上光标键或者<Ctrl+P>	访问上一条历史命令
下光标键或者<Ctrl+N>	访问下一条历史命令

display history-command：显示用户键入的历史命令。

上光标键或<Ctrl+P>：如果还有更早的历史命令，则取出上一条历史命令，否则响铃警告。

下光标键或<Ctrl+N>：如果还有更晚的历史命令，则取出下一条历史命令，否则清空命令，响铃警告。

在使用历史命令功能时，需要注意：

（1）VRP 保存的历史命令与用户输入的命令格式相同，如果用户使用了命令的不完整形式，保存的历史命令也是不完整形式。

（2）如果用户多次执行同一条命令，VRP 的历史命令中只保留最早的一次。但如果执行时输入的形式不同，将作为不同的命令对待；如多次执行"display ip routing-table"命令，历史命令中只保存一条。如果执行"disp ip routing"和"display ip routing-table"，将保存为两条历史命令。

4.3 路由器的基本配置

4.3.1 路由器配置环境搭建

下面以中兴设备为例，介绍路由器的基本配置。为了给用户提供最大的操作灵活性，中兴的 ZXR10 路由器提供了多种配置方式。用户可以根据所连接的网络选用适当的配置方式。

（1）通过 COM 口进行配置，这是用户对路由器进行设置的主要方式。

（2）通过 Telnet 方式进行配置，采用这种方式可以在网络中任一位置对路由器进行配置。

（3）通过网管工作站进行配置，此时需要相应的支持 SNMP 的网管软件。

（4）通过 TFTP/FTP 服务器下载路由器配置文件。

（5）通过主机 Telnet 到管理网口进行设置。

图 4-9 给出了 ZXR10 路由器配置方式。

1．串口连接配置

ZXR10 路由器随机附带串口配置线，两头均为 DB9 串行接口，连接时一头与 ZXR10 路由器的 COM 口相连，另一头与计算机的串口相连。串口连接配置采用 VT100 终端方式，可使用 Window 操作系统提供的超级终端工具。在配置之前需要对串口进行设置，具体步骤如下：

（1）打开超级终端，如图 4-10 所示。输入连接的名称，如 ZXR10，并选择一个图标。

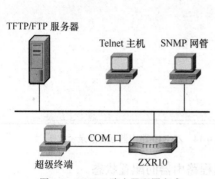

图 4-9　ZXR10 路由器配置方式　　　　　图 4-10　ZXR10 串口配置连接描述

（2）单击"确定"按钮，出现图 4-11 所示的对话框。选择连接时使用 COM 口，如 COM1。

（3）单击"确定"按钮，出现 COM 口属性设置对话框，如图 4-12 所示。

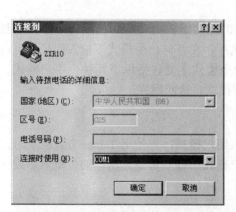

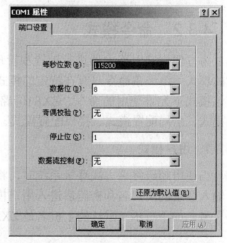

图 4-11　ZXR10 串口配置连接端口选择　　　　图 4-12　COM 口属性设置

将 COM 口的属性设置为：每秒位数（波特率）"115200"、数据位"8"、奇偶校验"无"、停止位"1"、数据流控制"无"。

（4）单击"确定"按钮完成设置。

2．Telnet 连接配置

Telnet 方式通常在远程配置路由器时使用，通过连接到本地路由器以太网口的主机登录到远程路由器上进行配置。远程路由器上需要为 Telnet 访问设置用户名和密码，并且本地主机能够 Ping 通远程路由器。

假设远程路由器的 IP 地址为 192.168.3.1，本地主机能 Ping 通该地址，远程配置如下。

（1）在主机上运行 Telnet 命令，如图 4-13 所示。

（2）单击"确定"按钮，显示 Telnet 窗口，如图 4-14 所示。

图 4-13　运行 Telnet 命令

图 4-14　ZXR10 路由器远程登录示意图

（3）根据提示输入用户名和密码，即可进入远程路由器的配置状态。

为了防止非法用户使用 Telnet 访问路由器，必须在路由器上设置 Telnet 访问的用户名和密码，只有使用设置的用户名和密码才能登录到路由器。使用以下命令配置远程登录使用的用户名和密码：

```
username <username> password <password>
```

4.3.2　命令模式

为方便用户对路由器进行配置和管理，ZXR10 路由器根据功能和权限将命令分配到不同的模式下，一条命令只有在特定的模式下才能执行，在任何命令模式下输入问号都可以查看该模式下允许使用的命令。ZXR10 路由器的命令模式主要包括以下几种：用户模式、特权模式、全局配置模式、接口配置模式、路由配置模式、诊断模式。

1．用户模式

当使用超级终端方式登录系统时，将自动进入用户模式；当使用 Telnet 方式登录时，用户输入登录的用户名和密码后进入用户模式。用户模式的提示符是路由器的主机名后跟一个"＞"号，如下所示（默认的主机名是 ZXR10）：

```
ZXR10>
```

用户模式下可以执行 Ping、Telnet 等命令，还可以查看一些系统信息。

2．特权模式

在用户模式下输入 enable 命令和相应口令后，即可进入特权模式，如下所示：

```
ZXR10>enable
Password：  //输入的密码不在屏幕上显示
ZXR10#
```

在特权模式下可以查看到更详细的配置信息，还可以进入配置模式对整个路由器进行配置，因此必须用口令加以保护，以防止未授权的用户使用。

要从特权模式返回到用户模式，则使用 disable 命令。

3．全局配置模式

在特权模式下输入 config terminal 命令进入全局配置模式，如下所示：

```
ZXR10# config terminal
Enter configuration commands,one par line,End with Ctrl-Z
ZXR10(config)#
```

全局配置模式下的命令作用于整个系统，而不仅仅是一个协议或接口。要退出全局命令模式并返回到特权模式，输入 exit 或 end 命令，或按组合键<Ctrl＋Z>?。

4．接口配置模式

在全局配置模式下使用 interface 命令进入接口配置模式，举例如下：

```
ZXR10(config)# interface fei_2/1    //fei_2/1 是接口名称，表示槽位 2 的以
太网接口模块//的第一个接口
ZXR10(config-if)#
```

在接口配置模式下可以修改各种接口的参数。

要退出接口配置模式并返回到全局配置模式，输入 exit 命令；要退出接口配置模式直接返回到特权模式，则输入 end 命令或按组合键<Ctrl＋Z>。

5．路由配置模式

在全局配置模式下使用 router 命令进入路由配置模式，举例如下：

```
ZXR10(config)# router ospf 1
ZXR10(config-router)#
```

路由协议包括 RIP、OSPF、ISIS、BGP。在上面的例子中，路由协议 OSPF 将被配置。

要退出路由配置模式并返回到全局配置模式，输入 exit 命令；要退出路由配置模式并返回到特权模式，则输入 end 命令或按组合键<Ctrl＋Z>。

6．诊断模式

在特权模式下使用 diagnose 命令进入诊断模式，如下所示：

```
ZXR10#diagnose
Test commands:
ZXR10(diag)#
```

在诊断模式下提供了诊断测试命令，使用这些命令可以对路由器各单板进行各种测试，包括总线和连通性测试等。在诊断测试时，最好不要对路由器进行配置。

要退出诊断模式并返回到特权模式，输入 exit 或 end 命令，或按组合键<Ctrl＋Z>。

4.3.3　在线帮助

在任意命令模式下，只要在系统提示符后面输入一个问号，就会显示该命令模式下可用命令的列表。

（1）在任意命令模式的提示符下输入问号，可显示该模式下的所有命令和命令的简要说明。举例如下：

```
ZXR10>?
Exec commands:
enable  Turn on privileged commands
```

```
exit    Exit from the EXEC
login   Login as a particular user
logout  Exit from the EXEC
ping    Send echo messages
quit    Quit from the EXEC
show    Show running system information
telnet  Open a telnet connection
trace   Trace route to destination
who     List users who is logining on
ZXR10>
```

（2）在字符或字符串后面输入问号，可显示以该字符或字符串开头的命令或关键字列表，注意在字符（字符串）与问号之间没有空格。举例如下：

```
ZXR10#co?
configure copy
ZXR10#co
```

（3）在字符串后面按<Tab>键，如果以该字符串开头的命令或关键字是唯一的，则将其补齐，并在后面加上一个空格。注意在字符串与<Tab>键之间没有空格。举例如下：

```
ZXR10#con<Tab>
ZXR10#configure    //configure 和光标之间有一个空格
```

（4）在命令、关键字、参数后输入问号，可以列出下一个要输入的关键字或参数，并给出简要解释。注意问号之前需要输入空格。举例如下：

```
ZXR10#configure ?
terminal  Enter configuration mode
ZXR10#configure
```

如果输入不正确的命令、关键字或参数，回车后用户界面会用"^"符号提供错误隔离。"^"号出现在所输入的不正确的命令、关键字或参数的第一个字符的下方。举例如下：

```
ZXR10#von ter
      ^
% Invalid input detected at '^' marker.
ZXR10#
```

在下列实例中，假设要设置一个时钟，使用"？"帮助来检查设置时钟的语法。

```
ZXR10#cl?
clear  clock
ZXR10#clock ?
set  Set the time and date
ZXR10#clock set ?
hh:mm:ss  Current Time
ZXR10#clock set 13:32:00
% Incomplete command.
ZXR10#
```

在上述例子的最后，系统提示命令不完整，说明需要输入其他的关键字或参数。

ZXR10 路由器还允许把命令和关键字缩写成能够唯一标识该命令或关键字的字符或字符串，如可以把 show 命令缩写成 sh 或 sho。

4.4　网络设备基本配置实例

目标：

在终端上通过串口与网络设备 Console 口连接，实现终端对设备的直接控制。在完成连接后，输入交换机的配置命令，熟悉交换机的操作界面以及各基本命令的功能。

拓扑图：

本实例的连接拓扑如图 4-15 所示。

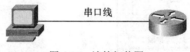

图 4-15　连接拓扑图

配置步骤：

1．按照拓扑图完成终端和设备之间的连接

用 DB9 或 DB25 端口的 RS232 串口线连接终端，用 RJ45 端口连接路由器的 Console 口。如果终端，如笔记本电脑没有串口，可以使用转换器把 USB 转串口使用。

2．配置终端软件

在 PC 上可以使用 Windows 2000/XP 自带的 Hyper Terminal（超级终端）软件，也可以使用其他软件，如 SecureCRT。

首先介绍 Windows 操作系统提供的超级终端工具的配置。

（1）单击"开始"→"程序"→"附件"→"通信"→"超级终端"，进行超级终端连接。

（2）当出现图 4-16 时，按要求输入有关的位置信息：国家/地区代码、地区电话号码编号和用来拨外线的电话号码。

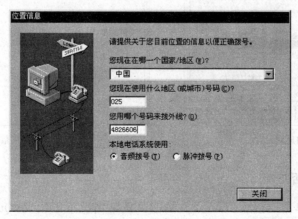

图 4-16　位置信息

（3）弹出"连接描述"对话框时，为新建的连接输入名称并为该连接选择图标，如图4-17所示。

（4）根据配置线所连接的串行口，选择连接串行口为COM1（依实际情况选择PC所使用的串口），如图4-18所示。

图4-17 新建连接

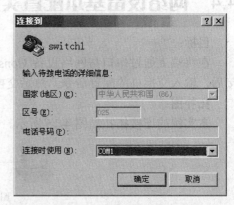

图4-18 连接配置资料

（5）设置所选串口的端口属性。端口属性的设置主要包括以下内容：每秒位数（波特率）"9600"、数据位"8"、奇偶校验"无"、停止位"1"、数据流控制"无"，如图4-19所示。

如果使用SecureCRT软件进行配置，连接步骤如下：

运行SecureCRT，在文件菜单单击"快速连接"，选择协议为"Serial"，并其他设置参数，如图4-20所示。

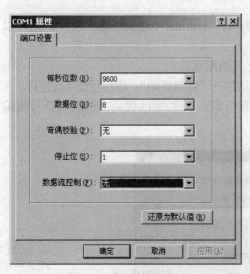

图4-19 端口属性设置

图4-20 参数设置

3. 检查连接是否正常

软件配置完毕单击连接（Connect）按钮，正常情况下应出现<Quidway>之类的命令提示符。

如果没有任何反应，请检查软件参数配置，特别是 COM 端口是否正确。

4．熟悉常用配置命令

配置数据设备的常用命令（见表 4-3 和表 4-4），观察配置结果。

表 4-3 华为数据设备常用命令

命令行示例	功能
<Quidway>system-view [Quidway]	进入系统视图
[Quidway]quit <Quidway>	返回上级视图
[Quidway-Ethernet0/0/1]return <Quidway>	返回用户视图
[Quidway]sysname SWITCH [SWITCH]	更改设备名
[Quidway]display version	查看系统版本
<Quidway>display clock 2008-01-03 00:42:37 Thursday Time Zone(DefaultZoneName) : UTC	查看系统时钟
<Quidway>clock datetime 11:22:33 2011-07-15	更改系统时钟
<Quidway>display current-configuration	查看当前配置
<Quidway>display saved-configuration	查看已保存配置
<Quidway>save	保存当前配置
<Quidway>reset saved-configuration	清除保存的配置（需重启设备才有效）
<Quidway>reboot	重启设备
[Quidway-Ethernet0/0/1]display this # interface Ethernet0/0/1 undo ntdp enable undo ndp enable	查看当前视图配置
[Quidway]interface Ethernet0/0/1 [Quidway-Ethernet0/0/1]	进入端口
[Quidway-Ethernet0/0/1]description To_SWITCH1_E0/1	设置端口描述
[Quidway-Ethernet0/0/1]shutdown [Quidway-Ethernet0/0/1]undo shutdown	打开/关闭端口
[Quidway]display interface Ethernet 0/0/1	查看特定端口信息
[Quidway]display ip interface brief //路由器配置 [Quidway]display interface brief //交换机配置	查看端口简要信息

表 4-4 中兴数据设备常用命令

命令行示例	功能
ZXR10>enable Password:ZTE ZXR10#	进入特权模式
ZXR10#exit ZXR10>	返回上级视图
ZXR10 # config terminal ZXR10(config)#	进入配置模式
ZXR10(config)#hostname SWITCH SWITCH(config)#	更改设备名

续表

命令行示例	功能
ZXR10#show running-config ZXR10(config)# show running-config	显示当前运行配置文件
ZXR10#dir	显示文件目录
ZXR10#cd cfg ZXR10#dir	查看 CFG 下文件
ZXR10#cd	退出 CFG
<Quidway>display saved-configuration	查看已保存配置
ZXR10#write	保存当前配置
ZXR10# delete startrun.dat	清除保存的配置（需重启设备才有效）
ZXR10#reload	重启设备
ZXR10(config)# interface fei_1/1 ZXR10(config-if)#	进入端口
ZXR10#show ip interface brief //路由器配置 ZXR10#show interface brief //交换机配置	查看端口简要信息

5. 熟悉常用快捷键

熟悉表 4-5 所示的快捷键的作用。

表 4-5   快捷键的作用

快捷键	作用
↑或<Ctrl+P>	上一条历史纪录
↓或<Ctrl+N>	下一条历史纪录
Tab 键或<Ctrl+I>	自动补充当前命令
<Ctrl+C>	停止显示及执行命令
<Ctrl+W>	清除当前输入
<Ctrl+O>	关闭所有调试信息
<Ctrl+G>	显示当前配置

6. 熟悉密码恢复操作

第一步：将 ZXR10 重启，在屏幕提示的时候" Press any key to stop auto-boot...", 按任意键，进入[Zxr10 Boot]模式：

[Zxr10 Boot]:

第二步：在[Zxr10 Boot]状态下输入 "c"，回车后进入参数修改状态。在 Enable Password 处填写密码：

[Zxr10 Boot]:c

…

Enable Password   :zte

Enable Password Confirm   :zte

第三步：输入 "@" 启动：

[Zxr10 Boot]:@

7. 命令行错误信息

操作过程中，常见的错误提示见表 4-6。

表 4-6　　　　　　　　　　　　常见的错误提示

英文错误信息	错误原因
Unrecognized command	没有查找到命令
	没有查找到关键字
	参数类型错
	参数值越界
Incomplete command	输入命令不完整
Too many parameters	输入参数太多
Ambiguous command	输入参数不明确

 习题

1. 什么是广播域？什么是冲突域？
2. 常用的网络通信设备有哪些？各自适用于哪些场合？
3. 交换机有什么作用？
4. 路由器有哪些功能？
5. 三层交换机与路由器有什么不同？
6. 交换机的配置方法有哪些？
7. VRP 系统中命令级别分为哪几种？
8. 串口连接配置时，COM 口的属性应该如何设置？
9. 如何修改设备密码？
10. ZXR10 路由器的命令模式主要有哪些？

第二篇
交换技术与应用

【学习目标】
了解以太网的发展历史
了解以太网常用的传输介质
掌握以太网帧结构、MAC 地址（重点）
理解共享以太网的工作过程（难点）
理解交换式以太网的工作原理（重点）
关键词：局域网；MAC 地址；CSMA/CD；地址学习；转发/过滤

5.1 局域网基础

5.1.1 局域网简介

局域网（Local Area Network，LAN），即计算机局部区域网，它是在一个局部的地理范围内（通常网络连接的范围以几千米为限），将各种计算机、外围设备、数据库等互相连接起来组成的计算机通信网。局域网是计算机通信网的一个重要组成部分，除完成一站对另一站的通信外，还通过共享的通信媒体如数据通信网或专用数据电路，与远方的局域网、数据库或处理中心相连，构成一个大范围的信息处理系统，其用途主要在于数据通信与资源共享。其构成组件可为 PC 工作站、网络适配卡、各类线路、网络操作系统及服务器等。LAN 系统能传送数据、影像及语音。

局域网技术主要对应于 OSI 参考模型的物理层和数据链路层，也即 TCP/IP 协议族协议的网络接口层。

局域网出现之后，发展迅速，类型繁多。1980 年 2 月，美国电气和电子工程师学会（IEEE）成立 802 课题组，研究并制定了局域网标准 IEEE 802。后来，国际标准化组织（ISO）经过讨论，建议将 802 标准定为局域网国际标准。

IEEE 802 为局域网制定了一系列标准，主要有如下 12 种。

（1）IEEE 802.1 描述局域网体系结构以及网络互连。

（2）IEEE 802.2 定义了逻辑链路控制（LLC）子层的功能与服务。

（3）IEEE 802.3 描述 CSMA/CD 总线式介质访问控制协议及相应物理层规范。

（4）IEEE 802.4 描述令牌总线（Token Bus）式介质访问控制协议及相应物理层规范。

（5）IEEE 802.5 描述令牌环（Token Ring）式介质访问控制协议及相应物理层规范。

（6）IEEE 802.6 描述市域网（MAN）的介质访问控制协议及相应物理层规范。

（7）IEEE 802.7 描述宽带技术进展。

（8）IEEE 802.8 描述光纤技术进展。

（9）IEEE 802.9 描述语音和数据综合局域网技术。

（10）IEEE 802.10 描述局域网安全与解密问题。

（11）IEEE 802.11 描述无线局域网技术。

（12）IEEE 802.12 描述用于高速局域网的介质访问方法及相应的物理层规范。

常见的局域网技术包括以太网（Ethernet）、令牌环（Token Ring）、FDDI（Fiber Distributed Data Interface，光纤分布式数据端口）、无线局域网（Wireless Local Area Network）等。它们在拓扑、传输介质、传输速率、数据格式、控制机制等各方面都有许多不同。

随着以太网带宽的不断提高和可靠性的不断提升，令牌环和 FDDI 的优势已不复存在，渐渐退出了局域网领域。而以太网由于其开放、简单、易于实现、易于部署的特性被广泛应用，迅速成为局域网中占统治地位的技术。另外，无线局域网技术的发展也非常迅速，已经进入大规模安装和普及阶段。

5.1.2　以太网的发展历史

以太网是在 20 世纪 70 年代由施乐（Xerox）公司帕洛阿尔托研究中心推出的。以太网最初被设计为使多台计算机通过一根共享的同轴电缆进行通信的局域网技术。随后又逐渐扩展到包括双绞线的多种共享介质上。由于任意时刻只有一台计算机能发送数据，共享通信介质的多台计算机之间必须使用某种共同的冲突避免机制，以协调介质的使用。以太网通常采用 CSMA/CD 机制检测冲突。

从拓扑方面来看，最初的以太网使用同轴电缆形成总线拓扑，随即又出现了用集线器（Hub）实现的星状结构，以及用网桥（Bridge）实现的桥接式以太网和用以太网交换机（Switch）实现的交换式以太网。

当今的以太网已形成一系列标准，以太网的发展如图 5-1 所示。从早期 10Mbit/s 的标准以太网、100Mbit/s 的快速以太网、1Gbit/s 的吉比特以太网，一直到 10Gbit/s 的 10 吉比特以太网，以太网技术不断发展，成为局域网技术的主流。

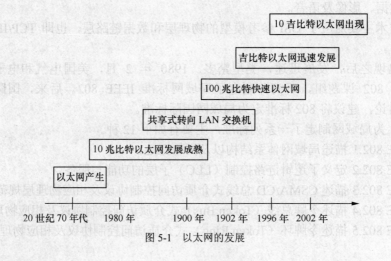

图 5-1　以太网的发展

1973 年，位于加利福尼亚州帕洛阿尔托的施乐公司提出并实现了最初的以太网。Robert Metcalfe 博士被公认为以太网之父，他研制的实验室原型系统运行速率是 2.94Mbit/s。

1980 年，Dec、Intel、Xerox 3 家联合推出 10Mbit/s DIX 以太网标准 DIX80。IEEE 802.3 标准是基于最初的以太技术制定的。

1995 年，IEEE 正式通过了 802.3u 快速以太网标准。

1998 年，IEEE 802.3z 吉比特以太网正式发布。

1999 年，发布 IEEE 802.3ab 标准，即 1000BASE-T 标准。

2002 年 7 月 18 日，IEEE 通过了 802.3ae 标准，即 10Gbit/s 以太网，又称为 10 吉比特以太网，它包括了 10GBASE-R、10GBASE-W、10GBASE-LX4 3 种物理端口标准。

2004 年 3 月，IEEE 批准铜缆 10Gbit/s 以太网标准 802.3ak，新标准将作为 10GBASE-CX4 实施，同年还推出以太接入网 802.3ah EFM 标准。

2005 年，IEEE 正式推出以太网 802.3-2005 基本标准。

2006 年，10 吉比特以太网 802.3an 10GBase-T 标准以及 10 吉比特以太网 802.3aq 10GBase-LRM 标准由 IEEE 正式推出。

2007 年，IEEE 正式推出背板以太网 802.3ap 标准。

2008 年，IEEE 正式推出以太网 802.3-2008 基本标准。

2010 年，IEEE 宣布 802.3ba 标准，即 40/100G 以太网标准获批，该标准为首次同时使用两种新的以太网速率的规范。

5.1.3　以太网常见传输介质

适用于以太网的有线介质主要有 3 类：同轴电缆、双绞线和光纤。

1．同轴电缆

同轴电缆由内、外两个导体组成，且这两个导体是同轴线的，所以称为同轴电缆。在同轴电缆中，内导体是一根导线，外导体是一个圆柱面，两者之间有填充物。外导体能够屏蔽外界电磁场对内导体信号的干扰。

同轴电缆既可以用于基带传输，又可以用于宽带传输。基带传输时只传送一路信号，而宽带传输时则可以同时传送多路信号。用于局域网的同轴电缆都是基带同轴电缆。

处于萌芽期的以太网一般都使用同轴电缆作为传输介质，常见的类型如下：

10BASE5，俗称粗缆，如图 5-2 所示，其最大传输距离为 500m。

图 5-2　10BASE5

10BASE2，俗称细缆，如图 5-3 所示，其最大传输距离为 185m。

图 5-3　10BASE2

2．双绞线

双绞线（Twisted Pair Cable）共8芯，由绞合在一起的4对导线组成，如图5-4所示。导线之间的绞合减少了各导线之间的相互电磁干扰，并具有抗外界电磁干扰的能力。

双绞线电缆可以分为两类：屏蔽型双绞线（STP）和非屏蔽型双绞线（UTP），如图5-5与图5-6所示。屏蔽型双绞线外面环绕着一圈保护层，有效减小了影响信号传输的电磁干扰，但相应增加了成本。非屏蔽型双绞线没有保护层，易受电磁干扰，但成本较低。非屏蔽双绞线广泛用于星状拓扑的以太网。

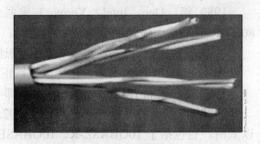

图5-4 双绞线

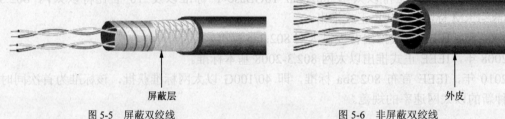

屏蔽层

外皮

图5-5 屏蔽双绞线　　　　　　　图5-6 非屏蔽双绞线

双绞线在制作过程中需要按照一定的标准排列线序，目前常用的线序标准为 EIA/TIA 568A 和 568B，这两种标准规定了不同线芯与水晶头管脚的对应关系，如果定义管脚编号为 1～8，则标准 568A 的线序对应为白绿、绿、白橙、蓝、白蓝、橙、白棕、棕，而标准 568B 的线序对应为白橙、橙、白绿、蓝、白蓝、绿、白棕、棕，如图5-7所示。

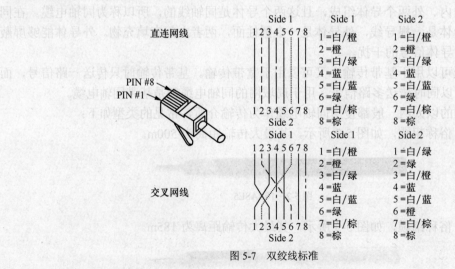

直连网线

PIN #8
PIN #1

交叉网线

	Side 1	Side 1	Side 2
	1 2 3 4 5 6 7 8	1=白/橙	1=白/橙
		2=橙	2=橙
		3=白/绿	3=白/绿
		4=蓝	4=蓝
		5=白/蓝	5=白/蓝
		6=绿	6=绿
	1 2 3 4 5 6 7 8	7=白/棕	7=白/棕
	Side 2	8=棕	8=棕

图5-7 双绞线标准

根据一根线缆两端的标准是否一致，双绞线可分为直连网线（两端线序标准一致）和交叉网线（两端线序标准不一致）。

网络设备端口分 MDI（Medium Dependent Interface）和 MDI-X 两种。一般路由器的以

太网端口、主机的 NIC（Network Interface Card）的端口类型为 MDI。交换机的端口类型可以为 MDI 或 MDI-X。集线器（Hub）的端口类型为 MDI-X。直连网线用于连接 MDI 和 MDI-X，交叉网线用于连接 MDI 和 MDI，或 MDI-X 和 MDI-X，见表 5-1。

表 5-1　　　　　　　　　　　　　　　　设备连接方法

	主　　机	路　由　器	交换机 MDI-X	交换机 MDI	集　线　器
主机	交叉	交叉	直连	N/A	直连
路由器	交叉	交叉	直连	N/A	直连
交换机 MDI-X	直连	直连	交叉	直连	交叉
交换机 MDI	N/A	N/A	直连	交叉	直连
集线器	直连	直连	交叉	直连	交叉

3．光纤

光纤的全称为光导纤维，如图 5-8 所示。对于计算机网络而言，光纤具有无可比拟的优势。光纤由纤芯、包层及护套组成。纤芯由玻璃或塑料组成，包层则是玻璃的，使光信号可以反射回去，沿着光纤传输；护套则由塑料组成，用于防止外界的伤害和干扰。

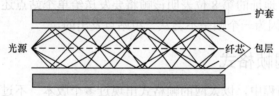

图 5-8　光纤

根据光在光纤中的传输模式，光纤可分为单模光纤和多模光纤。

（1）单模光纤：纤芯较细（芯径一般为 9μm 或 10μm），只能传一种模式的光。其色散很小，适用于远程通信。

（2）多模光纤：纤芯较粗（芯径一般为 50μm 或 62.5μm），可传多种模式的光。其色散较大，一般用于短距离传输。

5.2　以太网原理

5.2.1　MAC 地址

IEEE 将局域网的数据链路层划分为逻辑链路控制（Logical Link Control，LLC）和介质访问控制层（Medium Access Control，MAC）两个子层。LLC 子层实现数据链路层与硬件无关的功能，比如流量控制、差错恢复等；MAC 子层提供 LLC 和物理层之间的端口，不同局域网的 MAC 层不同，LLC 层相同。

LLC 子层负责识别协议类型并对数据进行封装以便通过网络进行传输。为了区别网络层数据类型，实现多种协议复用链路，LLC 用服务访问点（Service Access Point，SAP）标志上层协议。LLC 包括两个服务访问点：源服务访问点（Source Service Access Point，SSAP）和目的服务访问点（Destination Service Access Point，DSAP），分别用于标志发送方和接收方的网络层协议。

MAC 子层具有以下功能：提供物理链路的访问；提供链路级的站点标志；提供链路级的数据传输。MAC 子层用 MAC 地址来唯一标志一个站点。MAC 地址有 48 位，通常转换成 12 位的十六进制数，这个数分成 3 组，每组有 4 个数字，中间以点分开，如图 5-9 所示。MAC 地址有时也称为点分十六进制数。它一般烧入 NIC（网络端口控制器）中。为了确保 MAC 地址的唯一性，IEEE 对这些地址进行管理。每个地址由两部分组成，分别是供应商代码和序列号。供应商代码代表 NIC 制造商的名称，它占用 MAC 的前 6 位十六进制数字，即 24 位二进制数字。序列号由设备供应商管

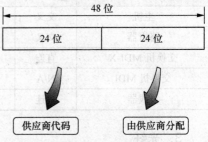

图 5-9　MAC 地址

理，它占用剩余的 6 位地址，即最后的 24 位二进制数字。华为的网络产品的 MAC 地址前 6 位十六进制数是 0x00e0fc。

在具体应用中，常见的特殊 MAC 地址包括广播 MAC 地址和多播 MAC 地址。如果 48 位全是 1，则表明该地址是广播 MAC 地址。如果第 8 位是 1，则表示该地址是多播 MAC 地址。在目的地址中，地址的第 8 位表明该帧将要发送给单个站点还是一组站点。在源地址中，第 8 位必须为 0，因为一个帧是不会从一组站点发出的。

5.2.2　以太网帧格式

在以太网的发展历程中，以太网的帧格式出现过多个版本。不过，目前正在应用中的帧格式为 DIX（Dec、Intel、Xerox）的 EthernetII 帧格式和 IEEE 的 IEEE 802.3 帧格式。

1. EthernetII 帧格式

EthernetII 帧格式由 DEC、Intel 和 Xerox 在 1982 年公布，由 EthernetI 修订而来。EthernetII 的帧格式如图 5-10 所示。

DMAC	SMAC	Type	Data/PAD	CRC
6字节	6字节	2字节	46~1500字节	4字节

图 5-10　EthernetII 的帧格式

（1）DMAC（Destination MAC）是目的地址。DMAC 确定帧的接收者。

（2）SMAC（Source MAC）是源地址。SMAC 字段标志发送帧的工作站。

（3）Type 是类型字段，用于标志数据字段中包含的高层协议，该字段取值大于 1500。

在以太网中，多种协议可以在局域网中同时共存。因此，在 EthernetII 的类型字段中设置相应的十六进制值提供了在局域网中支持多协议传输的机制。

类型字段取值为 0800 的帧代表 IP 帧。

类型字段取值为 0806 的帧代表 ARP 帧。

类型字段取值为 8035 的帧代表 RARP 帧。

类型字段取值为 8137 的帧代表 IPX 和 SPX 传输协议帧。

（4）Data 数据表明帧中封装的具体数据。数据字段的最小长度必须为 46 字节，以保证帧长至少为 64 字节，这意味着传输一字节信息也必须使用 46 字节的数据字段。如果填入该字段的信息少于 46 字节，该字段的其余部分也必须进行填充。数据字段的最大长度为 1500字节。

（5）CRC（Cyclic Redundancy Check）循环冗余校验字段提供了一种错误检测机制。每一个发送器都计算一个包括了地址字段、类型字段和数据字段的 CRC 码，然后将计算出的CRC 码填入 4 字节的 CRC 字段。

2．IEEE 802.3 帧格式

IEEE 802.3 帧格式由 EthernetII 帧发展而来。它将 EthernetII 帧的 Type 域用 Length 域取代，并且占用了 Data 字段的 8 字节作为 LLC 和 SNAP 字段，如图 5-11 所示。

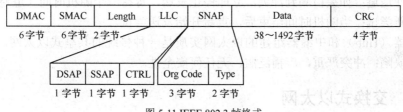

图 5-11 IEEE 802.3 帧格式

（1）Length 字段定义了 Data 字段包含的字节数。该字段取值小于等于 1500（大于 1500表示帧格式为 EthernetII）。

（2）LLC（Logical Link Control）由目的服务访问点 DSAP、源服务访问点 SSAP 和Control 字段组成。

（3）SNAP（Sub-network Access Protocol）由机构代码（Org Code）和类型（Type）字段组成。Org Code 3 个字节都为 0。Type 字段的含义与 EthernetII 帧中的 Type 字段相同。

其他字段与 EthernetII 的帧的字段相同。

5.2.3　传统以太网

同轴电缆是以太网发展初期所使用的连接线缆。通过同轴电缆连接起来的设备共享信道，即在每一个时刻，只能有一台终端主机在发送数据，其他终端处于侦听状态，不能够发送数据。这种情况称之为网络中所有设备共享同轴电缆的总线带宽。

集线器（Hub）是一个物理层设备，它提供网络设备之间的直接连接或多重连接。集线器功能简单，价格低廉，在早期的网络中随处可见。在集线器连接的网络中，每个时刻只能有一个端口在发送数据。它的功能是把从一个端口接收到的比特流从其他所有端口转发出去，如图 5-12 所示。因此，用集线器连接的所有站点处于一个冲突域之中。当网络中有两个或多个站点同时进行数据传输时，将会产生冲突。利用集线器所组成的网络表面上为星状网，但是实际仍为总线网。

共享式以太网利用带冲突检测的载波监听多路访问（Carrier Sense Multiple Access/Collision Detection, CSMA/CD）机制来检测及避免冲突。

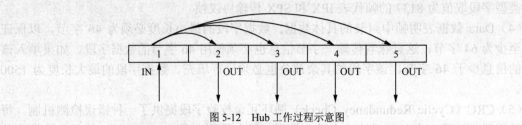

图 5-12　Hub 工作过程示意图

CSMA/CD 的工作过程如下：

（1）发前先听：发送数据前先检测信道是否空闲。如果空闲，则立即发送；如果繁忙，则等待。

（2）边发边听：在发送数据过程中，不断检测是否发生冲突（通过检测线路上的信号是否稳定判断冲突）。

（3）遇冲退避：如果检测到冲突，立即停止发送，等待一个随机时间（退避）。

（4）重新尝试：当随机时间结束后，重新开始发送尝试。

由集线器（Hub）和中继器组建的以太网实质是一种传统的共享式以太网。共享式以太网存在以下缺陷：冲突严重，广播泛滥，无任何安全性。

5.2.4　交换式以太网

交换式以太网的出现有效地解决了共享式以太网的缺陷，它大大减小了冲突域的范围，显著提升了网络的性能，并加强了网络的安全性。

目前在交换式以太网中经常使用的网络设备是交换机和网桥。网桥用于连接物理介质类型相同的局域网，主要应用在以太网环境中，又称之为"透明"网桥。透明的含义为：首先连接在网桥上的终端设备并不知道所连接的是共享媒介还是交换设备，即设备对终端用户来说是透明的，其次透明桥对其转发的帧结构不做任何改动与处理（VLAN 的 Trunk 线路除外）。本书不严格区分交换机与网桥，从某种意义上说，交换机就是网桥。

交换机与 Hub 一样同为具有多个端口的转发设备，在各个终端主机之间进行数据转发。但相对于 Hub 的单一冲突域，交换机通过隔离冲突域，使得终端主机可以独占端口的带宽，并实现全双工通信，所以交换式以太网的交换效率大大高于共享式以太网。

交换机有 3 个主要功能：地址学习、转发/过滤和环路避免功能。通常交换机的 3 个主要功能都被使用，它们在网络中是同时起作用的。

交换机内维护着一张表，该表为 MAC 地址表。表中维护了交换机端口与该端口所连设备的 MAC 地址的对应关系，如图 5-13 所示。交换机就根据 MAC 表来进行数据帧的交换转发。

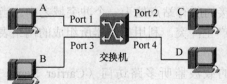

MAC 地址	所在端口
MAC A	1
MAC B	3
MAC C	2
MAC D	4

图 5-13　MAC 地址表

交换机基于目标 MAC 地址作出转发决定，所以它必须"获取"MAC 地址的位置，这样才能准确地转发。

　　当交换机与物理网段连接时，它会对它监测到的所有帧进行检查，如图 5-14 所示。交换机读取帧的源 MAC 地址字段后与接收端口关联并记录到 MAC 地址表中。由于 MAC 地址表是保存在交换机的内存之中的，所以当交换机启动时 MAC 地址表是空的。

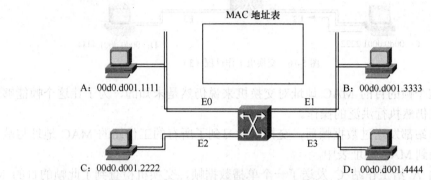

图 5-14　交换机工作过程（1）

　　此时工作站 A 给工作站 C 发送了一个单播数据帧，交换机通过 E0 口收到了这个数据帧，读取出帧的源 MAC 地址后将工作站 A 的 MAC 地址与端口 E0 关联，记录到 MAC 地址表中，如图 5-15 所示。

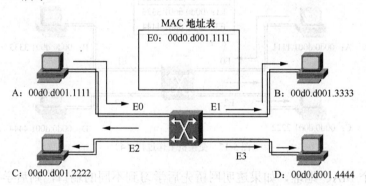

图 5-15　交换机工作过程（2）

　　由于此时这个帧的目的 MAC 地址对交换机来说是未知的，为了让这个帧能够到达目的地，交换机执行洪泛的操作，即向除了进入端口外的所有其他端口转发。

　　所有的工作站都发送过数据帧后，交换机学习到了所有的工作站的 MAC 地址与端口的对应关系并记录到 MAC 地址表中。

　　此时工作站 A 给工作站 C 发送了一个单播数据帧，交换机检查到了此帧的目的 MAC 地址已经存在在 MAC 地址表中，并和 E2 端口相关联，交换机将此帧直接向 E2 端口转发，即做转发操作。

　　工作站 D 发送一个帧给工作站 C 时，交换机执行相同的操作，通过这个过程交换机学习到了工作站 D 的 MAC 地址并与端口 E3 关联并记录到 MAC 地址表中，如图 5-16 所示。

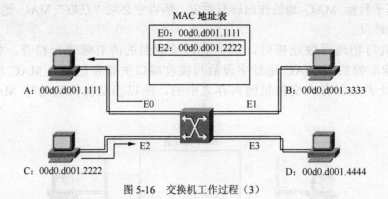

图 5-16　交换机工作过程（3）

由于此时这个帧的目的 MAC 地址对交换机来说仍然是未知的，为了让这个帧能够到达目的地，交换机仍然执行洪泛的操作。

所有的工作站都发送过数据帧后，交换机学习到了所有的工作站的 MAC 地址与端口的对应关系并记录到 MAC 地址表中。

此时工作站 A 给工作站 C 发送了一个单播数据帧，交换机检查到了此帧的目的 MAC 地址已经存在在 MAC 地址表中，并和 E2 端口相关联，交换机将此帧直接向 E2 端口转发，即做转发操作。对其他的端口并不转发此数据帧，即做过滤操作，如图 5-17 所示。

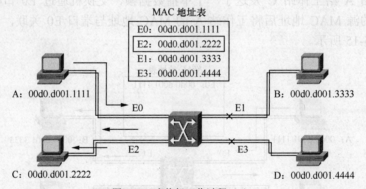

图 5-17　交换机工作过程（4）

对于同一个 MAC 地址，如果透明网桥先后学习到不同的端口，则后学到的端口信息覆盖先学到的端口信息，因此，不存在同一个 MAC 地址对应两个或更多出端口的情况。

对于动态学习到的转发表项，透明网桥会在一段时间后对表项进行老化，即将超过一定生存时间的表项删除掉。当然，如果在老化之前，重新收到该表项对应信息，则重置老化时间。系统支持默认的老化时间（300s），用户可以自行设置老化时间。

交换机对于收到数据帧的处理可以划分为 3 种情况：直接转发、丢弃和洪泛。当收到数据帧的目的 MAC 地址能够在转发表中查到，并且对应的出端口与收到报文的端口不是同一个端口时，则该数据帧从表项对应的出端口转发出去。如果收到数据帧的目的 MAC 地址能够在转发表中查到，并且对应的出端口与收到报文的端口是同一个端口，则该数据帧被丢弃。当收到数据帧的目的 MAC 地址是单播 MAC 地址，但是在转发表中查找不到，或者收到数据帧的目的 MAC 地址是组播或广播 MAC 地址时，数据帧向除了输入端口外的其他端口复制并发送。

交换机有快速转发（Cut Through）、存储转发（Store and Forward）、分段过滤（Fragment Free）3 种交换模式。快速转发时，交换机接收到目的地址即开始转发过程。这种模式下，交换机不检测错误，直接转发数据帧，延迟小。存储转发模式下，交换机接收完整的数据帧后才开始转发过程，交换机检测错误，一旦发现错误数据包将会丢弃。在这种模式下，数据交换延迟大，并且延迟的大小取决于数据帧的长度。在分段过滤模式下，交换机接收完数据包的前 64 字节（一个最短帧长度），然后根据帧头信息查表转发。此交换模式结合了快速转发方式和存储转发方式的优点。像快速转发模式一样不用等待接收完完整的数据帧才转发，只要接收了 64 字节后，即可转发，并且同存储转发模式一样，可以提供错误检测，能够检测前 64 字节的帧错误，并丢弃错误帧。

 习题

1．描述以太网的发展历史。
2．适用于以太网的有线介质有哪些？
3．双绞线的线序是如何规定的？
4．什么是直连网线？什么是交叉网线？说明两者的适用范围。
5．说明 MAC 地址的组成。
6．画出数据帧的格式，并说明每字段的的含义。
7．请描述 CSMA/CD 的工作过程。
8．交换机有哪些主要功能？
9．简述交换机地址学习的过程。
10．简述交换机对数据帧转发过滤的流程。
11．交换机有哪些交换模式？
12．比较快速转发、存储转发、分段过滤 3 种方式异同点。

第6章

生成树协议技术

【学习目标】
理解生成树协议的作用
理解生成树协议的原理（重点）
掌握生成树协议的工作过程（难点）
了解 STP 端口的各种状态
掌握生成树协议的配置（重点）
关键词：生成树协议；根桥；根端口；指定端口；阻塞端口

6.1 STP 的产生

生成树协议（Spanning Tree Protocol，STP）是基于数据链路层通信协议，用作消除网络二层环路。

单点故障会导致整个网络瘫痪，为了保证整个网络的可靠性和安全性，可以引入冗余链路或备份链路，物理上的备份链路会产生物理环路或多重环路，从而导致广播风暴、重复帧以及 MAC 地址表不稳定等问题。在实际的组网应用中经常会形成复杂的多环路连接。面对复杂的环路，网络设备必须有一种解决办法在存在物理环路的情况下阻止二层环路的发生。

在这种情况下，减少冗余链路是不现实的，因为可靠性得不到保证。可以通过生成树协议来解决环路问题，即将某些端口置于阻塞状态，从而防止冗余结构的网络拓扑中产生回路。

下面来分析广播风暴是如何形成的。

在一个存在物理环路的二层网络中，主机 X 发送了一个广播数据帧，交换机 A 从上方的端口接收到广播帧，做洪泛处理，转发至下面的端口。通过下面的连接，广播帧将到达交换机 B 的下方端口，如图 6-1 所示。

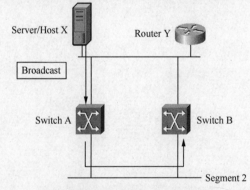

图 6-1　广播风暴示意图（1）

交换机在下方的端口上收到了一个广播数据帧，将做洪泛处理，通过上方的端口转发此帧，交换机 A 将在上方端口重新接收到这个广播数据帧，如图 6-2 所示。

由于交换机执行的是透明桥的功能，转发数据帧时不对帧做任何处理。所以对于再次到来的广播帧，交换机 A 不能识别出此数据帧已经被转发过，交换机 A 还将对此广播帧做洪泛的操作。

广播帧到达交换机 B 后会做同样的操作，并且此过程会不断进行下去，无限循环。以上分析的只是广播被传播的一个方向，实际环境中会在两个不同的方向上产生这一过程。在很短的时间内大量重复的广播帧被不断循环转发消耗掉整个网络的带宽，而连接在这个网段上的所有主机设备也会受到影响，CPU 将不得不产生中断来处理不断到来的广播帧，极大地消耗系统的处理能力，严重的可能导致死机，如图 6-3 所示。

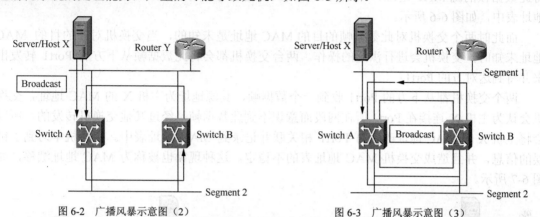

图 6-2　广播风暴示意图（2）　　　　图 6-3　广播风暴示意图（3）

一旦产生广播风暴系统将无法自动恢复，必须由系统管理员人工干预恢复网络状态。某些设备在端口上可以设置广播限制，一旦特定时间内检测到广播帧超过了预先设置的阀值即可进行某些操作，如关闭此端口一段时间以减轻广播风暴对网络带来的损害。但这种方法并不能真正消除二层环路带来的危害。

接下来让我们看看一个数据帧被多次复制的情况。

主机 X 发送一单播数据帧，目的为路由器 Y 的本地端口，而此时路由器 Y 的本地端口的 MAC 地址对于交换机 A 与 B 都是未知的。数据帧通过上方的网段直接到达路由器 Y，同时到达交换机 A 的上方的端口，如图 6-4 所示。

当交换机对于帧的目的 MAC 地址未知时交换机会进行洪泛的操作。

交换机 A 会将此数据帧从下方的端口转发出来，数据帧到达交换机 B 的下方端口，交换机 B 的情况与交换机 A 相同，也会对此数据帧进行洪泛的操作，从上方的端口将此数据帧转发出来，同样的数据帧再次到达路由器 Y 的本地端口，如图 6-5 所示。

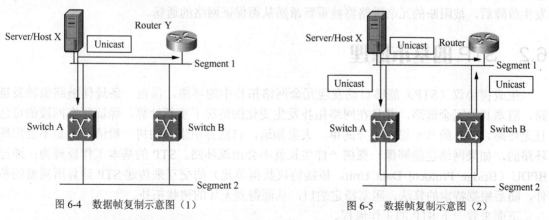

图 6-4　数据帧复制示意图（1）　　　　图 6-5　数据帧复制示意图（2）

根据上层协议与应用的不同，同一个数据帧被传输多次可能导致应用程序的错误。

最后看看 MAC 地址表不稳定的问题。

主机 X 发送一单播数据帧，目的为路由器 Y 的本地端口，而此时路由器 Y 的本地端口的 MAC 地址对于交换机 A 与 B 都是未知的。

数据帧通过上方的网段到达交换机 A 与交换机 B 的上方的端口。交换机 A 与交换机 B 将此数据帧的源 MAC 地址，即主机 X 的 MAC 地址与各自的 Port 0 相关联并记录到 MAC 地址表中，如图 6-6 所示。

而此时两个交换机对此数据帧的目的 MAC 地址是未知的，当交换机对帧的目的 MAC 地址未知时，交换机会进行洪泛的操作。两台交换机都会将此数据帧从下方的 Port1 转发出来并将到达对方的 Port1。

两个交换机都从下方的 Port1 收到一个数据帧，其源地址为主机 X 的 MAC 地址，交换机会认为主机 X 连接在 Port1 所在网段而意识不到此数据帧是经过其他交换机转发的，所以会将主机 X 的 MAC 地址改为与 Port1 相关联并记录到 MAC 地址表中。交换机学习到了错误的信息，并且造成交换机 MAC 地址表的不稳定。这种现象也被称为 MAC 地址漂移，如图 6-7 所示。

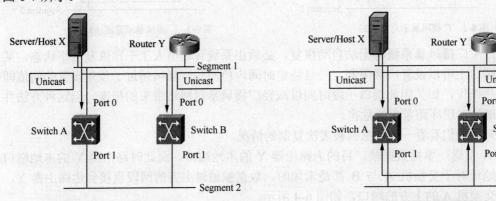

图 6-6 MAC 地址漂移示意图（1）　　　　图 6-7 MAC 地址漂移示意图（2）

因此，我们迫切地需要一种技术，来解决上述问题。在此背景下，生成树协议（Spanning Tree Protocol，STP）应运而生，其主要作用为消除环路和冗余备份。STP 通过阻断冗余链路来消除网络中可能存在的路径回环，并且 STP 仅仅是在逻辑上阻断冗余链路，当主链路发生故障后，被阻断的冗余链路将被重新激活从而保证网络的通畅。

6.2　STP 的基本原理

生成树协议（STP）能够自动发现冗余网络拓扑中的环路，保留一条最佳链路做转发链路，阻塞其他冗余链路，并且在网络拓扑发生变化的情况下重新计算，保证所有网段的可达且无环路。STP 的基本思想十分简单。大家知道，自然界中生长的树一般情况下是不会出现环路的，如果网络也能够像一棵树一样生长就不会出现环路。STP 的基本工作原理为：通过 BPDU（Bridge Protocol Data Unit，桥接协议数据单元）的交互来传递 STP 计算所需要的条件，随后根据特定的算法，阻塞特定端口，从而得到无环的树状拓扑。

下面来看一下 STP 的工作流程。

第一步：选举根桥（Root Bridge）。

所谓根桥，简单来说就是树的根，它是生成的树形网络的核心，其选举对象范围为所有网桥。在整个二层网络中，只能有一个根桥，如图 6-8 所示。

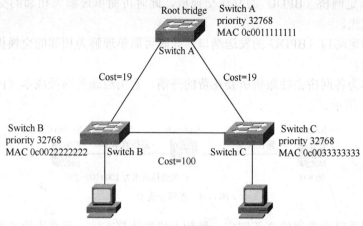

图 6-8　选举根桥

根桥的选举是比较网桥 ID，值小者优先。网桥 ID（Bridge ID）可理解为交换机的身份标志，共 8 字节，由 16 位的网桥优先级与 48 位的网桥 MAC 地址构成，如图 6-9 所示。其中，优先级可配，默认值为 32768。另外，由于网桥的 MAC 地址具备全局唯一性，所以网桥 ID 也具备全局唯一性。

图 6-9　网桥 ID

第二步：选举根端口（Root Port）。

根端口就是去往根桥路径最"近"的端口，根端口负责向根桥方向转发数据。在每一台非根桥上，有且只有一个根端口，如图 6-10 所示。

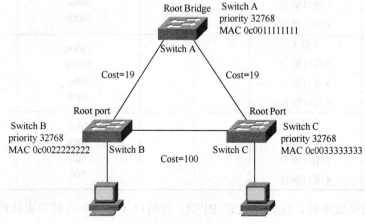

图 6-10　选举根端口

根端口的选举将会按照以下顺序进行逐一比对，当某一规则满足时，判定结束，选举完成。

（1）比较根路径成本，值小者优先。

（2）比较指定网桥（BPDU 的发送交换机，此时可简单理解为相邻的交换机）的网桥 ID，值小者为优先。

（3）比较指定端口（BPDU 的发送端口，此时可简单理解为相邻的交换机端口）的端口 ID，值小者为先。

根路径成本为各网桥去往跟桥所要花费的开销，它由沿途各路径成本（Path Cost）叠加而来，如图 6-11 所示。

图 6-11 根路径成本

路径成本根据链路带宽的高低制定，最初为线性计算方法，后变更为非线性。各类标准的路径成本见表 6-1。其中 Legacy 为华为私有标准路径成本可在设备端口上进行手动修改。需要特别说明的是，对于普通的 FE 端口，如果是半双工模式，路径成本与标准一致；如果是全双工模式，会在标准的基础上减 1，目的是让 STP 尽量选择全双工的端口。

表 6-1　　　　　　　　　　　各类标准的路径成本

端口速率	链路类型	802.1D-1998	802.1T（默认）	Legacy
0		65535	200000000	200000
10Mbit/s	半双工	100	2000000	2000
	全双工	99	1999999	1999
	2 端口聚合	95	1000000	1800
	3 端口聚合	95	666666	1600
	4 端口聚合	95	500000	1400
100Mbit/s	半双工	19	200000	200
	全双工	18	199999	199
	2 端口聚合	15	100000	180
	3 端口聚合	15	66666	160
	4 端口聚合	15	50000	140
1000Mbit/s	全双工	4	20000	20
	2 端口聚合	3	10000	18
	3 端口聚合	3	6666	16
	4 端口聚合	3	5000	14
10Gbit/s	全双工	2	2000	2
	2 端口聚合	1	1000	1
	3 端口聚合	1	666	1
	4 端口聚合	1	500	1

在计算根路径成本时，仅计算收到 BPDU 的端口（可简单理解为去往跟桥的出端口）的开销。

端口 ID 为端口的身份标志，是由两个部分构成的，共 2 字节，其中高 4 位是端口优先级（Port Priority），低 12 位是端口编号，如图 6-12 所示。端口优先级可以被配置，默认值是 128。

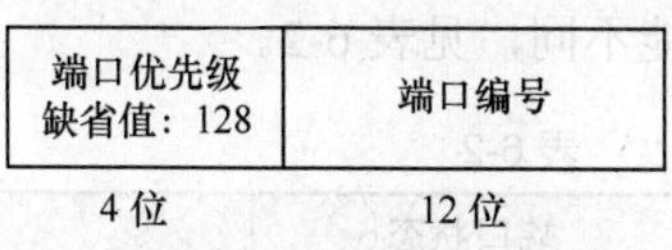

端口优先级 缺省值：128	端口编号
4 位	12 位

图 6-12　端口 ID

第三步：选举指定端口（Designated Port）。

指定端口为每个网段上离根最近的端口，它转发发往该网段的数据。在每一个网段上，有且只有一个指定端口，如图 6-13 所示。

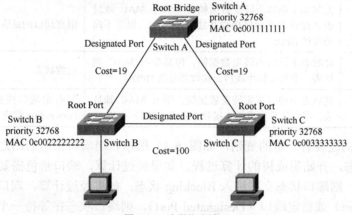

图 6-13　选举指定端口

指定端口的选举规则同根端口的选举相同。值得特别说明的是根桥上的所有端口皆为指定端口。根端口相对应的端口（即与根端口直连的端口）皆为指定端口。

第四步：阻塞预备端口（Alternate Port）。

如果一个端口既不是根端，也不是指定端口，则将成为预备端口。该端口会被阻塞，不能转发数据，如图 6-14 所示。

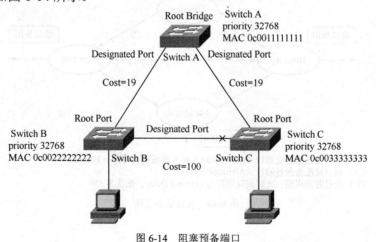

图 6-14　阻塞预备端口

6.3　STP 端口状态

STP 为进行生成树的计算，一共定义了 5 种端口状态。不同状态下，端口所能实现的功能不同，见表 6-2。

表 6-2   STP 端口状态

端口状态	描述	说明
Disabled 端口没有启用	此状态下端口不转发数据帧，不学习 MAC 地址表，不参与生成树计算	端口状态为 Down
Listening 侦听状态	此状态下端口不转发数据帧，不学习 MAC 地址表，只参与生成树计算，接收并发送 BPDU	过渡状态，增加 Learning 状态，防止临时环路
Blocking 阻塞状态	此状态下端口不转发数据帧，不学习 MAC 地址表，此状态下端口接收并处理 BPDU，但是不向外发送 BPDU	阻塞端口的最终状态
Learning 学习状态	此状态下端口不转发数据帧，但是学习 MAC 地址表，参与计算生成树，接收并发送 BPDU	过渡状态
Forwarding 转发状态	此状态下端口正常转发数据帧，学习 MAC 地址表，参与计算生成树，接收并发送 BPDU	只有根端口或指定端口才能进入 Forwarding 状态

各状态之间的迁移有一定的规则，如图 6-15 所示。当端口正常启用之后，端口首先进入 Listening 状态，开始生成树的计算过程。如果经过计算，端口角色需要设置为预备端口（Alternate Port），则端口状态立即进入 Blocking 状态；如果经过计算，端口角色需要设置为根端口（Root Port）或指定端口（Designated Port），则端口状态在等待一个时间周期之后从 Listening 状态进入 Learning 状态，然后继续等待一个时间周期之后，从 Learning 状态进入 Forwarding 状态，正常转发数据帧。端口被禁用之后则进入 Disable 状态。

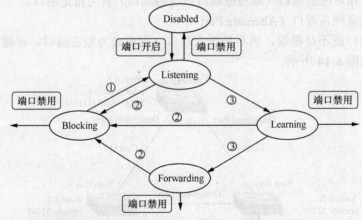

①：端口被选为指定端口（Designated Port）或根端口（Root Port）；
②：端口被选为预备端口（Alternate Port）；
③：经过时间周期，此时间周期称为 Forward Delay，默认为 15s

图 6-15 端口状态迁移

6.4 STP 配置实例

目标：
掌握交换机 STP 的配置，熟悉相关配置命令。

拓扑图：

本实例的网络拓扑如图 6-16 所示。

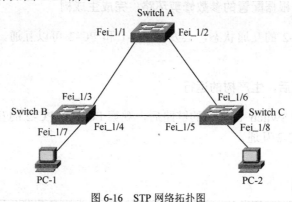

图 6-16　STP 网络拓扑图

配置步骤：

1．如果 Switch A、Switch B、Switch C 为中兴设备

（1）在 Switch A、Switch B、Switch C 上执行如下配置：

```
ZXR10(config)#spanning-tree enable          //使能生成树协议
ZXR10(config)#spanning-tree mode sstp       //配置生成树协议的当前模式为 sstp
```

（2）在 Switch A 上执行如下配置：

```
ZXR10(config)# spanning-tree mst instance 0 priority 4096
```

（3）在 Switch B 和 Switch C 上执行如下配置：

```
ZXR10(config)# spanning-tree mst instance 0 priority 61440  //修改实例
0 的网桥优先级，61440=15*4096，根据需要，优先级可设置为 i*4096，i=0，...，15
```

2．如果 Switch A、Switch B、Switch C 为华为设备

（1）交换机上开启 STP

在 3 台交换机上开启 STP 功能，并将 STP 的模式改成 802.1d 标准的 STP。

```
[SwitchA]stp mode stp
[SwitchA]stp enable
```

Switch B、Switch C 的配置与 Switch A 相同。

（2）设置交换机优先级

在 Switch A 上设置优先级值为 0，Switch B 优先级值为 4096，Switch A 使用默认优先级值 32768，有两种配置方式。

方式一：

```
[SwitchA]stp root primary     //该命令使得交换机优先级值为 0，即最优先
[SwitchB]stp root secondary   //该命令使交换机优先级值为 4096，即比 0 低一个级别
```

方式二：

```
[SwitchA]stp priority 0
[SwitchB]stp priority 4096
```

测试：

1．观察设备能否根据配置的参数修剪环路，完成生成树

观察 PC-1 和 PC-2 的互通状态，会发现 PC-1 和 PC-2 可以互通，说明生成树协议已经起作用。

2．观察拓扑变更后，生产树的运行

断开 Switch A 和 Switch B 之间的链路后，观察 PC-1 和 PC-2 的互通情况，会发现有少量丢包后，PC-1 和 PC-2 互通。

 # 习题

1．STP 的主要作用是什么？
2．二层环路带来哪些问题？
3．广播风暴是如何形成的？
4．什么是 MAC 地址表漂移？
5．简述生成树协议的运行过程。
6．根桥是怎样选举的？
7．根端口的选举规则有哪些？
8．根桥选举的依据是什么？
9．STP 端口的状态有哪些类型？
10．简述各端口状态之间迁移的规则。

虚拟局域网

【学习目标】

理解 VLAN 的基本概念（重点）

理解 VLAN 的结构与特点

掌握 VLAN 成员划分的方式

理解 VLAN 的运行原理（难点）

掌握 VLAN 链路类型（重点）

了解 IEEE 802.1q 协议

掌握 VLAN 的配置方法（重点）

关键词：VLAN；Access 端口；Trunk 端口；802.1q

7.1 VLAN 概述

VLAN（Virtual Local Area Network）即虚拟局域网，是一种通过将局域网内的设备逻辑地而不是物理地划分成一个个网段从而实现虚拟工作组的技术。VLAN 将一个物理的 LAN 在逻辑上划分成多个广播域（多个 VLAN）。VLAN 内的主机间可以直接通信，而 VLAN 间不能直接互通。这样，广播报文被限制在一个 VLAN 内，同时提高了网络安全性。对 VLAN 的另一个定义是，它能够使单一的交换结构被划分成多个小的广播域。

VLAN 技术在以太网帧的基础上增加了 VLAN 头，用 VLAN ID 把用户划分为更小的工作组（即 VLAN），每一个 VLAN 都包含一组有着相同需求的计算机工作站，与物理上形成的 LAN 有着相同的属性，如图 7-1 所示。但由于它是逻辑地而不是物理地划分，所以同一个 VLAN 内的各个工作站无需被放置在同一个物理空间里，即这些工作站不一定属于同一个物理 LAN 网段。一个 VLAN 内部的广播和单播流量都不会转发到其他 VLAN 中，从而有助于控制流量，减少设备投资，简化网络管理，提高网络的安全性。

VLAN 具有以下特点。

（1）区段化。使用 VLAN 可将一个广播域分隔成多个广播域，相当于分隔出物理上分离的多个单独的网络，即将一个网络进行区段化，减少每个区段的主机数量，提高网络性能。

（2）灵活性。VLAN 配置、成员的添加、移去和修改都是通过在交换机上进行配置实现的。一般情况下无须更改物理网络与增添新设备及更改布线系统，所以 VLAN 提供了极大的灵活性。

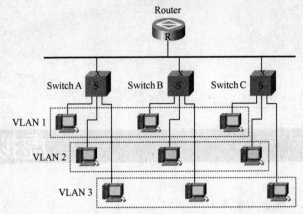

图 7-1 VLAN 的典型应用

（3）安全性。将一个网络划分 VLAN 后，不同 VLAN 内的主机间通信必须通过三层设备，而在三层设备上可以设置 ACL 等实现第三层的安全性，即 VLAN 间的通信是在受控的方式下完成的。相对于没有划分 VLAN 的网络，所有主机可直接通信而言，VLAN 提供了较高的安全性。另外，用户想加入某一 VLAN 必须通过网络管理员在交换机上进行配置才能加入特定 VLAN，相应地提高了安全性。

7.2 VLAN 的划分方式

VLAN 的划分方式也可以理解为 VLAN 的类型，主要有以下几种方式。

1. 基于端口划分 VLAN

根据交换设备的端口编号来划分 VLAN。网络管理员将端口划分为某个特定 VLAN 的端口，连接在这个端口的主机即属于这个特定的 VLAN，如图 7-2 所示。目前最普遍的 VLAN 划分方式为基于端口的划分方式。

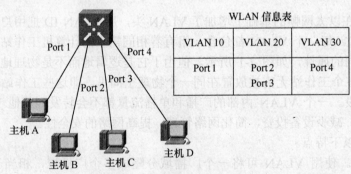

WLAN 信息表		
VLAN 10	VLAN 20	VLAN 30
Port 1	Port 2 Port 3	Port 4

图 7-2 基于端口划分 VLAN

其优点是配置相对简单，对交换机转发性能几乎没有影响，其缺点是需要为每个交换机端口配置所属的 VLAN，一旦用户移动位置可能需要网络管理员对交换机相应端口进行重新设置。

2. 基于 MAC 地址划分 VLAN

根据交换机端口所连接设备的 MAC 地址来划分 VLAN。网络管理员成功配置 MAC 地址和 VLAN ID 映射关系表，如图 7-3 所示。如果交换机收到的是 Untagged（不带 VLAN 标签）帧，则依据该表添加 VLAN ID。

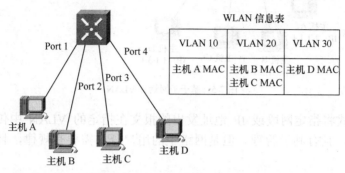

WLAN 信息表

VLAN 10	VLAN 20	VLAN 30
主机 A MAC	主机 B MAC 主机 C MAC	主机 D MAC

图 7-3　基于 MAC 地址划分 VLAN

该 VLAN 类型的优势表现在当终端用户的物理位置发生改变，不需要重新配置 VLAN。提高了终端用户的安全性和接入的灵活性。但是由于网络上的所有 MAC 地址都需要掌握和配置，所以管理任务较重。

3. 基于协议划分 VLAN

根据端口接收到的报文所属的协议类型及封装格式来给报文分配不同的 VLAN ID，如图 7-4 所示。网络管理员需要配置以太网帧中的协议域和 VLAN ID 的映射关系表，如果收到的是 Untagged 帧，则依据该表添加 VLAN ID。

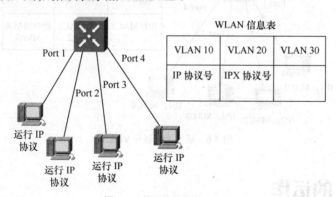

WLAN 信息表

VLAN 10	VLAN 20	VLAN 30
IP 协议号	IPX 协议号	

图 7-4　基于协议划分 VLAN

基于协议划分 VLAN，将网络中提供的服务类型与 VLAN 相绑定，方便管理和维护。但是需要对网络中所有的协议类型和 VLAN ID 的映射关系表进行初始配置。

4. 基于子网划分 VLAN

如果交换设备收到的是 Untagged 帧，交换设备根据报文中的 IP 地址信息，确定添加的 VLAN ID，如图 7-5 所示。

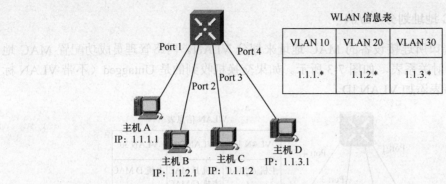

WLAN 信息表		
VLAN 10	VLAN 20	VLAN 30
1.1.1.*	1.1.2.*	1.1.3.*

主机 A
IP：1.1.1.1

主机 B
IP：1.1.2.1

主机 C
IP：1.1.1.2

主机 D
IP：1.1.3.1

图 7-5　基于子网划分 VLAN

这种划分方式将指定网段或 IP 地址发出的报文在指定的 VLAN 中传输，减轻了网络管理者的任务量，且有利于管理。但是网络中的用户分布需要有规律，且多个用户在同一个网段。

5．基于策略划分 VLAN

基于 MAC 地址、IP 地址、端口组合策略划分 VLAN 是指在交换机上配置终端的 MAC 地址和 IP 地址，并与 VLAN 关联，如图 7-6 所示。只有符合条件的终端才能加入指定 VLAN。符合策略的终端加入指定 VLAN 后，严禁修改 IP 地址或 MAC 地址，否则会导致终端从指定 VLAN 中退出。这种划分 VLAN 的方式安全性非常高，但是针对每一条策略都需要手工配置。

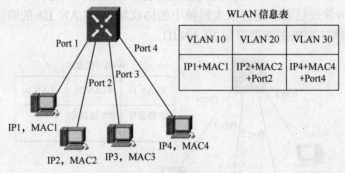

WLAN 信息表		
VLAN 10	VLAN 20	VLAN 30
IP1+MAC1	IP2+MAC2 +Port2	IP4+MAC4 +Port4

IP1，MAC1

IP2，MAC2

IP3，MAC3

IP4，MAC4

图 7-6　基于策略划分 VLAN

7.3　VLAN 的运作

VLAN 技术为了实现转发控制，在待转发的以太网帧中添加 VLAN 标签，然后设定交换机端口对该标签和帧的处理方式。处理方式包括丢弃帧、转发帧、添加标签、移除标签。

转发帧时，通过检查以太网报文中携带的 VLAN 标签，是否为该端口允许通过的标签，可判断出该以太网帧是否能够从该端口转发。图 7-7 中，假设有一种方法，将 A 发出的所有以太网帧都加上标签 5，此后查询二层转发表，根据目的 MAC 地址将该帧转发到 B 连接的端口。由于在该端口配置了仅允许 VLAN 1 通过，所以 A 发出的帧将被丢弃。以上意味着支持 VLAN 技术的交换机，转发以太网帧时不再仅仅依据目的 MAC 地址，同时还要考虑该端口的 VLAN 配置情况，从而实现对二层转发的控制。

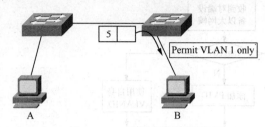

图 7-7　VLAN 通信基本原理

IEEE 802.1q 标准对 Ethernet 帧格式进行了修改，在源 MAC 地址字段和协议类型字段之间加入 4 字节的 802.1q Tag，如图 7-8 所示。

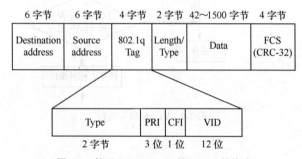

图 7-8　基于 IEEE 802.1Q 的 VLAN 帧格式

802.1q Tag 包含 4 个字段，其含义如下：

（1）Type：长度为 2 字节，表示帧类型。取值为 0x8100 时表示 802.1q Tag 帧。如果不支持 IEEE 802.1q 的设备收到这样的帧，会将其丢弃。

（2）PRI：Priority，长度为 3 位，表示帧的优先级，取值范围为 0～7。用于当交换机阻塞时，优先发送优先级高的数据帧。

（3）CFI：Canonical Format Indicator，长度为 1 位，表示 MAC 地址是否是经典格式。CFI 为 0 说明是经典格式，CFI 为 1 表示为非经典格式。用于区分以太网帧、FDDI（Fiber Distributed Digital Interface）帧和令牌环网帧。在以太网中，CFI 的值为 0。

（4）VID：VLAN ID，长度为 12 位，表示该帧所属的 VLAN。可配置的 VLAN ID 取值范围为 0～4095，但是 0 和 4095 协议中规定为保留的 VLAN ID，不能给用户使用。另外交换机初始情况下有一个默认 VLAN，默认 VLAN 的 VLAN ID 为 1，初始情况下默认 VLAN 包含所有端口。

使用 VLAN 标签后，在交换网络环境中，以太网的帧有两种格式：没有加上 802.1q Tag 标志的，称为标准以太网帧（Untagged Frame）；加上 802.1q Tag 标志的以太网帧，称为带有 VLAN 标记的帧（Tagged Frame）。

VLAN 技术通过以太网帧中的标签，结合交换机端口的 VLAN 配置，实现对报文转发的控制。VLAN 转发流程如图 7-9 所示。

转发过程中，标签操作类型有两种：添加标签和移除标签。添加标签是对于 Untagged

帧，添加 PVID，在端口收到对端设备的帧后进行。移除标签是删除帧中的 VLAN 信息，以 Untagged 帧的形式发送给对端设备。

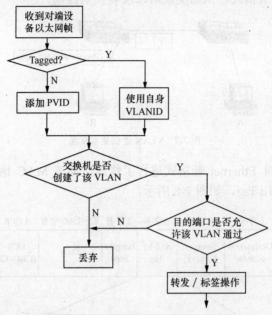

图 7-9　VLAN 转发流程

7.4　VLAN 端口类型

为了提高处理效率，华为交换机内部的数据帧一律都带有 VLAN Tag，以统一方式处理。当一个数据帧进入交换机端口时，如果没有带 VLAN Tag，且该端口上配置了 PVID（Port Default VLAN ID），那么该数据帧就会被标记上端口的 PVID。如果数据帧已经带有 VLAN Tag，那么即使端口已经配置了 PVID，交换机不会再给数据帧标记 VLAN Tag。

由于端口类型不同，交换机对帧的处理过程也不同。

1. Access 端口

一般用于连接主机，当接收到不带 Tag 的报文时，接收该报文，并打上默认 VLAN 的 Tag。当接收到带 Tag 的报文时，如果 VLAN ID 与默认 VLAN ID 相同，接收该报文。如果 VLAN ID 与默认 VLAN ID 不同，丢弃该报文。发送帧时，先剥离帧的 PVID Tag，然后再发送。

Access 端口有如下特点：

（1）仅仅允许唯一的 VLAN ID 通过本端口，这个值与端口的 PVID 相同。

（2）如果该端口收到的对端设备发送的帧是 Untagged，交换机将强制加上该端口的 PVID。

（3）Access 端口发往对端设备的以太网帧永远是 Untagged Frame。

（4）很多型号的交换机默认端口类型是 Access，PVID 默认是 1，VLAN 1 由系统创建，不能被删除。

2．Trunk 端口

用于连接交换机，在交换机之间传递 Tag 的报文，可以自由设定允许通过多个 VLAN ID，这些 ID 可以与 PVID 相同，也可以不同。其对于帧的处理过程如下。

当接收到不带 Tag 的报文时，打上默认的 VLAN ID，如果默认 VLAN ID 在允许通过的 VLAN ID 列表里，接收该报文；如果默认 VLAN ID 不在允许通过的 VLAN ID 列表里，丢弃该报文。

当接收到带 Tag 的报文时，如果 VLAN ID 在端口允许通过的 VLAN ID 列表里，接收该报文。如果 VLAN ID 不在端口允许通过的 VLAN ID 列表里，丢弃该报文。

发送帧时，当 VLAN ID 与默认 VLAN ID 相同，且是该端口允许通过的 VLAN ID 时，去掉 Tag，发送该报文。当 VLAN ID 与默认 VLAN ID 不同，且是该端口允许通过的 VLAN ID 时，保持原有 Tag，发送该报文。

3．Hybrid 端口

Access 端口发往其他设备的报文，都是 Untagged Frame，而 Trunk 端口仅在一种特定情况下才能发出 Untagged Frame，其他情况发出的都是 Tagged Frame。某些应用中，可能希望能够灵活地控制 VLAN 标签的移除。如在本交换机的上行设备不支持 VLAN 的情况下，希望实现各个用户端口相互隔离。Hybrid 端口可以解决此问题。它对接收不带 Tag 的报文处理同 Access 端口一致，对接收带 Tag 的报文处理同 Trunk 端口一致。发送帧时，当 VLAN ID 是该端口允许通过的 VLAN ID 时，发送该报文，可以通过命令设置发送时是否携带 Tag。

VLAN 的链路分为接入链路（Access Link）与干线链路（Trunk Link），如图 7-10 所示。接入链路用于终端设备和交换机相连。如果 VLAN 是基于端口进行划分的，一个接入链路只能属于某一个特定 VLAN。干线链路最通常的使用场合就是连接两个 VLAN 交换机的链路，通过干线链路可使 VLAN 跨越多个交换机，所以一个干线链路可以承载多个 VLAN 的数据。对于上述各端口类型，Access 端口只能连接接入链路，Trunk 端口只能连接干线链路，Hybrid 端口既可以连接接入链路又可以连接干线链路。

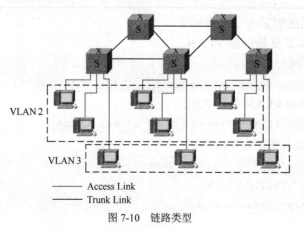

图 7-10　链路类型

7.5　VLAN 的基本配置

基于端口划分 VLAN 是最简单、最有效也是最常见的划分方式。华为交换机的 VLAN 常用配置命令见表 7-1。

表 7-1　　　　　　　　　　　　　　　　　VLAN 常用配置命令

常用配置命令	视　　图	作　　用
vlan vlan-id	系统	创建 VLAN，进入 VLAN 视图，VLAN ID 的范围为 1～4096
vlan batch {vlan-id1 [to vlan-id2]} &<1～10>	系统	批量创建 VLAN
interface interface-type interface-number	系统	进入指定端口
port link-type {access	hybrid	trunk	dot1q-tunnel}	端口	配置 VLAN 端口属性
port default vlan VLAN-id	端口	将 Access 端口加入指定 VLAN 中
port interface-type {interface-number1 [to interface-number2]} &<1-10>	VLAN	批量将 Access 端口加入指定 VLAN
port trunk allow-pass vlan {{vlan-id1 [to vlan-id2]}&<1-10>|all}	端口	配置允许通过该 Trunk 端口的帧
port trunk pvid vlan vlan-id	端口	配置 Trunk 端口默认 VLAN ID
port hybrid untagged vlan {{vlan-id1 [to vlan-id2]}&<1-10>|all}	端口	指定发送时剥离 Tag 的帧
port hybrid tagged vlan {{vlan-id1 [to vlan-id2]}&<1-10>|all}	端口	指定发送时保留 Tag 的帧
undo port hybrid vlan {{vlan-id1 [to vlan-id2]}&<1-10>|all}	端口	移除原先允许通过该 Hybrid 端口的帧
port hybrid pvid vlan vlan-id	端口	配置 Hybrid 端口默认 VLAN ID
display vlan [vlan-id [verbose]]	所有	查看 VLAN 相关信息
display interface [interface-type [interface-number]]	所有	查看端口信息
display port vlan [interface-type [interface-number]]	所有	查看基于端口划分 VLAN 的相关信息
display this	所有	查看该视图下相关配置

中兴交换机常用的配置命令举例如下。

创建单个 VLAN 或批量创建 VLAN：

```
ZXR10 (config) # vlan 2          //创建 VLAN 2
ZXR10 (config) # vlan 2, vlan 3     //创建 VLAN 2 和 VLAN 3
```

设置以太网端口的 VLAN 链路类型：

```
ZXR10(config-if)#switchport mode access/trunk
```

把 Access 端口加入到指定 VLAN：

```
ZXR10(config-if)#switchport access vlan vlan-id
```

把 Trunk 端口加入到指定 VLAN：

```
ZXR10(config-if)#switchport trunk vlan vlan-id
```

7.6 VLAN 配置实例

目标：

某公司总部两台交换机 SwitchA 和 SwitchB 作为二层交换机，为 VLAN 10 和 VLAN 20 中的 PC 提供接入。本次任务的目标就是配置 VLAN 的 Access 端口和 Trunk 端口，实现 PC 的接入，使相同 VLAN 中的 PC 可以互通，不同 VLAN 中的 PC 互相隔离。

拓扑图：

本实例的网络拓扑如图 7-11 所示。

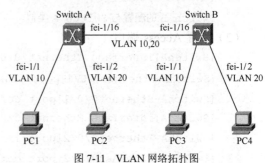

Swtich A 的端口 fei_1/1 和 Switch B 的端口 fei_1/1 属于 VLAN 10；Swtich A 的端口 fei_1/2 和 Swtich B 的端口 fei_1/2 属于 VLAN 20；均为 Acccss 端口。两台交换机通过端口 fei_1/16 以 Trunk 方式相连，两端口为 Trunk 端口。

图 7-11　VLAN 网络拓扑图

配置步骤：

1．如果 Switch A、Switch B 为中兴设备

```
Switch A:
ZXR10(config)#vlan 10                           //创建 VLAN 10
ZXR10(config-vlan)#exit
ZXR10(config)#vlan 20                           //创建 VLAN 20
ZXR10(config-vlan)#exit
ZXR10(config)#interface fei_1/1
ZXR10(config-if)#switchport access vlan 10      //把端口 fei_1/1 加入 VLAN
10，fei_1/1 模　式为 Access
ZXR10(config-if)#exit
ZXR10(config)#interface fei_1/2
ZXR10(config-if)#switchport access vlan 20
ZXR10(config-if)#exit
ZXR10(config)#interface fei_1/16
ZXR10(config-if)#swtichport mode trunk          //把端口 fei_1/16 设置为
Trunk 端口
ZXR10(config-if)# swtichport trunk vlan 10      //端口 fei_1/16 可承载
VLAN 10
ZXR10(config-if)# swtichport trunk vlan 20      //端口 fei_1/16 可承载
VLAN 10
```

Switch B 的配置与 Switch A 类似。

2．如果 Switch A、Switch B 为华为设备

拓扑图中端口 fei_1/1 使用 Ethernet 0/0/1，端口 fei_1/2 使用 Ethernet 0/0/2，端口

fei_1/16 使用端口 Ethernet 0/0/23，配置步骤如下。

（1）创建 VLAN

```
[SwitchA]vlan 10
[SwitchA-vlan4]quit
[SwitchA]vlan 20
[SwitchA-vlan5]quit
Switch B 的配置与 Switch A 类似。
```

（2）配置 Access 端口

```
[SwitchA]interface Ethernet 0/0/1
[SwitchA-Ethernet0/0/1]port link-type access    //配置本端口为 Access 端口
[SwitchA-Ethernet0/0/1]port default vlan 10    //把端口添加到 VLAN 10
[SwitchA]interface Ethernet 0/0/2
[SwitchA-Ethernet0/0/2]port link-type access
[SwitchA-Ethernet0/0/2]port default vlan 20
```

Switch B 的配置与 Switch A 类似。

（3）配置 Trunk 端口

```
[SwitchA]interface Ethernet 0/0/23
[SwitchA-Ethernet0/0/23]port link-type trunk    //配置本端口为 Trunk 端口
[SwitchA-Ethernet0/0/23]port trunk allow-pass vlan 10 20    //本端口允
```
许 VLAN 10、VLAN 20 通过

Switch B 的配置与 Switch A 类似。

测试：

PC1、PC2、PC3 间连通性检查。使用 Ping 命令检查 VLAN 内和 VLAN 间的连通性。可以看到属于 VLAN 10 的 PC1、PC2 间可以跨交换机互访，而分属 VLAN 10 和 VLAN 20 的 PC 不能互通。

 习题

1. 什么是 VLAN？VLAN 具有哪些特点？
2. VLAN 有哪些划分方法？最常用的 VLAN 划分方法是什么？有什么特点？
3. 画出 VLAN 帧格式，说明每部分的作用。
4. VLAN 的端口有哪些类型？各自应用在什么场合？
5. VLAN 链路有哪些类型？各自有什么特点？
6. 简述 VLAN 转发数据帧的流程。
7. VLAN 常用的配置命令有哪些？
8. Access 端口有什么特性？
9. Trunk 端口有什么特性？
10. 如何配置 Access 端口和 Trunk 端口？

第 8 章

VLAN 典型应用实例

【学习目标】

理解端口聚合的原理（重点）

掌握端口聚合的配置方法（难点）

理解 PVLAN 的原理（重点）

掌握 PVLAN 的配置方法

理解 QinQ 的原理（重点）

掌握 QinQ 的配置方法

理解 SuperVLAN 的原理（重点）

掌握 SuperVLAN 的配置方法

关键词：端口聚合；端口聚合方式；PVLAN；隔离端口；混合端口；QinQ；Super VLAN

8.1 端口聚合技术原理与配置

8.1.1 端口聚合技术原理

端口聚合，也称为端口捆绑、端口聚集或链路聚合，即将两台交换机间的多条平行物理链路捆绑为一条大带宽的逻辑链路。使用链路聚合服务的上层实体把同一聚合组内的多条物理链路视为一条逻辑链路，数据通过聚合端口组进行传输。端口聚合具有以下优点。

1. 增加网络带宽

端口聚合可以将多个连接的端口捆绑成为一个逻辑连接，捆绑后的带宽是每个独立端口的带宽总和。当端口上的流量增加而成为限制网络性能的瓶颈时，采用支持该特性的交换机可以轻而易举地增加网络的带宽。如两台交换机间有 4 条 100Mbit/s 链路，捆绑后认为两台交换机间存在一条单向 400Mbit/s、双向 800Mbit/s 带宽的逻辑链路。聚合链路在生成树环境中被认为是一条逻辑链路。

2. 提高链路可靠性

聚合组可以实时监控同一聚合组内各个成员端口的状态，从而实现成员端口之间彼此动态备份。如果某个端口故障，聚合组及时把数据流从其他端口传输。

3．流量负载分担

链路聚合后，系统根据一定的算法，把不同的数据流分布到各成员端口上，从而实现基于流的负载分担。通常对于二层数据流，系统根据源 MAC 地址及目的 MAC 地址来进行负载分担计算；对于三层数据流，则根据源 IP 地址及目的 IP 地址进行负载分担计算。

聚合端口成功的条件是两端的参数必须一致。参数包括物理参数和逻辑参数。物理参数包括进行聚合的链路的数目、进行聚合的链路的速率、进行聚合的链路的双工方式；逻辑参数包括：STP 配置一致，即端口的 STP 使能/关闭、与端口相连的链路属性（如点对点或非点对点）、STP 优先级、路径开销、报文发送速率限制、是否环路保护、是否根保护、是否为边缘端口；QoS 配置一致，即流量限速、优先级标记、默认的 802.1p 优先级、带宽保证、拥塞避免、流重定向、流量统计等；VLAN 配置一致，即端口上允许通过的 VLAN、端口默认 VLAN ID；端口配置一致，即端口的链路类型，如 Trunk、Hybrid、Access 属性。

端口聚合的实现有 3 种方法：手工负载分担模式、静态链路聚合控制协议（Link Aggregation Control Protocol，LACP）模式和动态 LACP 模式。在手工负载分担模式下，双方设备不需要启动聚合协议，双方不进行聚合组中成员端口状态的交互。静态 LACP 模式是一种利用 LACP 进行聚合参数协商、确定活动端口和非活动端口的链路聚合方式。该模式可实现 $M:N$ 模式，即 M 条活动链路与 N 条备份链路的模式。实现静态 LACP 模式时，需手工创建 Eth-Trunk，手工加入 Eth-Trunk 成员端口。LACP 除可以检测物理线路故障外，还可以检测链路层故障提高了容错性，保证了成员链路的高可靠性。动态 LACP 模式的链路聚合，从 Eth-Trunk 的创建到加入成员端口都不需要人工的干预，由 LACP 自动协商完成。虽然这种方式对于用户来说很简单，但由于这种方式过于灵活，不便于管理，因此应用较少。

端口聚合相关配置分以下 3 步完成。

1．创建 Eth-Trunk

（1）执行命令 interface eth-trunk trunk-id，进入 Eth-Trunk 端口视图。

（2）执行命令 mode {manual |lacp-static}，配置 Eth-Trunk 的工作模式。默认情况下，Eth-Trunk 的工作模式为手工负载分担模式。

2．向 Eth-Trunk 中加入成员端口

向 Eth-Trunk 中加入成员端口有两种完成方式。第一种是在 Eth-Trunk 端口视图下：

（1）执行命令 interface eth-trunk trunk-id，进入 Eth-Trunk 端口视图。

（2）执行命令 trunkport interface-type {interface-number1 [to interface-number2] } &<1-8>，增加成员端口。

第二种是在成员端口视图下：执行命令 eth-trunk trunk-id，将当前端口加入 Eth-Trunk。

3．配置验证

执行命令 display eth-trunk，查看 Eth-Trunk 端口的配置信息。

8.1.2　端口聚合配置实例

目标：

SwitchA 和 SwitchB 通过聚合端口相连，它们分别由两个物理端口聚合而成。聚合后的端口模式为 Trunk，承载 VLAN 10 和 VLAN 20。通过端口聚合的配置实现相同 VLAN 中的 PC 互通，不同 VLAN 中的 PC 互相隔离。

拓扑图：

本实例的网络拓扑如图 8-1 所示。

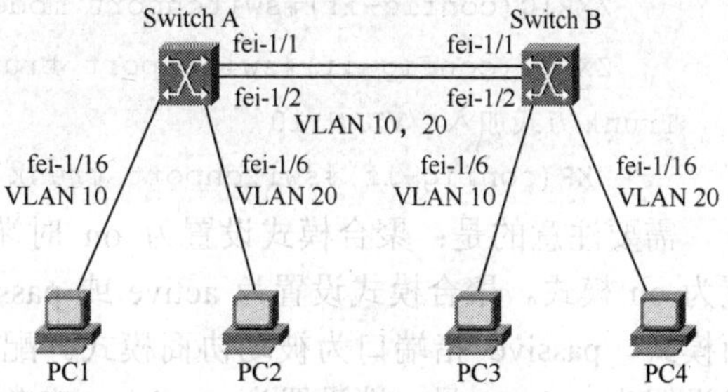

配置步骤：

如果 Switch A、Switch B 为中兴设备，配置步骤如下。

图 8-1　端口聚合网络拓扑图

1.　静态聚合

以 Switch A 为例进行端口聚合的配置说明，关于 VLAN 的部分请参考 7.6 节，Switch B 与 Switch A 相似。

```
    ZXR10(config)#interface smartgroup1        //创建 smartgroup 端口，它有两
个物理端口汇聚
    //而成
    ZXR10(config-if)#smartgroup mode on
    ZXR10(config)#interface fei_1/1
    ZXR10(config-if)#smartgroup 1 mode on    //设置聚合模式为静态。设为静态的
两台交换//机也都必须都设为静态的"ON"
    ZXR10(config)#interface fei_1/2
    ZXR10(config-if)#smartgroup 1 mode on    //将端口 fei_1/1 和 fei_1/2 设
置为聚合端口放
    //置在 smartgroup 1 并以静态方式工作
    ZXR10(config)#interface smartgroup1
    ZXR10(config-if)#switchport mode trunk
    ZXR10(config-if)#switchport trunk vlan 10 //把 smartgroup1 端口以 Trunk 方
式加入 VLAN 10
    ZXR(config-if)#switchport trunk vlan 20   //把 smartgroup1 端口以 Trunk 方
式加入 VLAN 20
```

2.　动态聚合

以 Switch A 为例进行端口聚合的配置说明，关于 VLAN 的部分请参考 7.6 节，Switch B 与 Switch A 相似。

```
    ZXR10(config)#interface smartgroup1
    ZXR10(config-if)#smartgroup mode 802.3ad
    ZXR10(config)#interface fei_1/1
    ZXR10(config-if)#smartgroup 1 mode active    //设置聚合模式为 active,
```

```
//配置动态链路聚合时，应当将一端端口的聚合模式设置为 active，另一端设置为
//passive，或者两端都设置为 active
    ZXR10(config)#interface fei_1/2
    ZXR10(config-if)#smartgroup 1 mode active
    ZXR10(config)#interface smartgroup1
    ZXR10(config-if)#switchport mode trunk
    ZXR10(config-if)#switchport trunk vlan 10       //把 smartgroup1 端口以
Trunk 方式加入//VLAN 10
    ZXR(config-if)#switchport trunk vlan 20
```

需要注意的是：聚合模式设置为 on 时端口运行静态 Trunk，参与聚合的两端都需要设置为 on 模式。聚合模式设置为 active 或 passive 时端口运行 LACP，active 指端口为主动协商模式，passive 指端口为被动协商模式。配置动态链路聚合时，应当将一端端口的聚合模式设置为 active，另一端设置为 passive，或者两端都设置为 active。

如果 Switch A、Switch B 为华为设备，拓扑图中两台交换机的端口 fei_1/1 使用 Ethernet 0/0/1，端口 fei_1/2 使用 Ethernet 0/0/2，端口 fei_1/6 使用 Ethernet 0/0/6，端口 fei_1/16 使用 Ethernet 0/0/16，以 Switch A 为例进行端口聚合的配置说明，关于 VLAN 的部分请参考 7.6 节。Switch B 与 Switch A 相似，配置步骤如下。

1. 取消端口的默认配置

在两台交换机的物理接口中把默认开启的一些协议关闭。

```
[SwitchA]interface Ethernet 0/0/1
[SwitchA-Ethernet0/0/1] bpdu disable
[SwitchA-Ethernet0/0/1] undo ntdp enable
[SwitchA-Ethernet0/0/1] undo ndp enable
[SwitchA]interface Ethernet 0/0/2
[SwitchA-Ethernet0/0/2] bpdu disable
[SwitchA-Ethernet0/0/2] undo ntdp enable
[SwitchA-Ethernet0/0/2] undo ndp enable
```

SwitchB 交换机配置类似。

2. 创建 Eth-Trunk 端口

分别在两台交换机上创建 Eth-Trunk 端口，端口编号可以 0~19 任意选择。

```
[SwitchA] interface Eth-Trunk1
[SwitchA -Eth-Trunk1] quit
```

Switch B 交换机配置类似。

3. 将物理端口加入 Eth-Trunk

```
[SwitchA]interface Ethernet 0/0/1
[SwitchA-Ethernet0/0/1]eth-trunk 1
[SwitchA]interface Ethernet 0/0/2
```

```
[SwitchA-Ethernet0/0/2]eth-trunk 1
```

Switch B 交换机配置类似。

4. 创建 VLAN

```
[SwitchA]vlan 10  //创建 VLAN 10
[SwitchA-vlan4]quit
[SwitchA]vlan 20
[SwitchA-vlan20]quit
```

Switch B 交换机配置类似。

5. 配置 Access 端口

```
[SwitchA]interface Ethernet 0/0/16
[SwitchA-Ethernet0/0/16]port link-type access
[SwitchA-Ethernet0/0/16]port default vlan 10
[SwitchA]interface Ethernet 0/0/6
[SwitchA-Ethernet0/0/6]port link-type access
[SwitchA-Ethernet0/0/16]port default vlan 20
```

Switch B 交换机配置类似。

6. 配置 Trunk 端口

```
[SwitchA] interface Eth-Trunk1
[SwitchA- Eth-Trunk1]port link-type trunk
[SwitchA- Eth-Trunk1]port trunk allow-pass vlan 10 20
[SwitchA- Eth-Trunk1] quit
```

Switch B 交换机配置类似。

测试：

1. 查看聚合组

```
[SwitchA]display eth-trunk 1        //华为设备使用此命令
ZXR10(config)#show lacp 1 internal   //中兴设备使用此命令
```

2. PC 间连通性检查

使用 Ping 命令检查 VLAN 内和 VLAN 间的连通性，可以看到属于同 VLAN 的 PC 间可以跨交换机互通，而分属 VLAN 10 和 VLAN 20 的 PC 间不能互通。

8.2　PVLAN 技术与配置

8.2.1　PVLAN 技术原理

为了提高网络的安全性，要将用户之间的报文隔离开，传统的解决办法是给每个用户分配一个 VLAN。这种方法具有明显的局限性，主要表现在以下几个方面：

（1）目前 IEEE 802.1q 标准中所支持的 VLAN 数目最多为 4094 个，用户数量受到限制，且不利于网络的扩展。

（2）每个 VLAN 对应一个 IP 子网，划分大量的子网会造成 IP 地址的浪费。

（3）大量 VLAN 和 IP 子网的规划和管理使网络管理变得非常复杂。

PVLAN（Private VLAN）技术的出现解决了这些问题。PVLAN 将 VLAN 中的端口分为两类：与用户相连的端口为隔离端口（Isolate Port），上行与路由器相连的端口为混合端口（Promiscuous Port）。隔离端口只能与混合端口通信，相互之间不能通信。这样就将同一个 VLAN 下的端口隔离开来，用户只能与自己的默认网关通信，网络的安全性得到保障。

8.2.2　PVLAN 配置实例

目标：

对于属于相同 VLAN 的 PC，要求某些 PC 互通，某些 PC 隔离。在理解 PVLAN 基本原理的基础上，了解 PVLAN 的应用环境，能熟练配置 PVLAN。

拓扑图：

本实例的网络拓扑如图 8-2 所示。

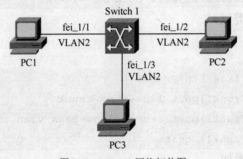

图 8-2　PVLAN 网络拓扑图

配置步骤：

如果 Switch 1 为中兴设备，配置步骤如下。

```
ZXR10(config)#interface vlan 2          //启用三层接口，并配置 IP 地址
ZXR10(config-if)#ip address  10.1.1.1 255.255.255.0
ZXR10(config)#interface fei_1/1         //将 fei_1/1-3 加入 VLAN 2
ZXR10(config-if) #switchport access vlan 2
ZXR10(config) #interface fei_1/2
ZXR10(config-if) #switchport access vlan 2
ZXR10(config) #interface fei_1/3
ZXR10(config-if) #switchport access vlan 2
ZXR10(config) #vlan private-map session-id 1 isolate fei_1/1-2 promis
fei_1/3   //把//fei_1/1-2 设置为隔离端口，fei_1/3 设置为混合端口
```

测试：

使用如下命令查看配置情况：

```
ZXR10#show vlan private-map
Session_id  Isolate_Ports            Promis_Ports
-----------------------------------------------------------------
1           fei_1/1-2                fei_1/3
```

PC1 接交换机 fei_1/1 口，并配置 10.1.1.0/24 网段内地址，应可以 Ping 通 10.1.1.1；PC2 接交换机 fei_1/2 口，并配置 10.1.1.0/24 网段内地址，应可以 Ping 通 10.1.1.1；此时 PC1 和 PC2 相互 Ping 不通。

当 PC2 接交换机 fei_1/3 口，并配置 10.1.1.0/24 网段内地址，应可以 Ping 通 10.1.1.1；此时 PC1 配置不变，接口位置不变，应可以和 PC2 互相 Ping 通。

8.3　QinQ 技术与配置

8.3.1　QinQ 技术原理

随着以太网技术在运营商网络中的大量部署，利用 802.1q VLAN 对用户进行隔离和标识受到很大限制，因为 IEEE 802.1q 中定义的 VLAN Tag 域只有 12 位，仅能表示 4 千多个 VLAN，这对于城域以太网中需要标识的大量用户捉襟见肘，于是 QinQ 技术应运而生。

QinQ 最初主要是为拓展 VLAN 的数量空间而产生的，它是在原有的 802.1q 报文的基础上又增加一层 802.1q 标签实现，使 VLAN 数量增加到 4 千×4 千多个，随着城域以太网的发展以及运营商精细化运作的要求，QinQ 的双层标签又有了进一步的使用场景，它的内外层标签可以代表不同的信息，如内层标签代表用户、外层标签代表业务。另外，QinQ 报文带着两层 Tag 穿越运营商网络，内层 Tag 透明传送，是一种简单实用的 VPN 技术，因此它又可以作为核心 MPLS VPN 在城域以太网 VPN 的延伸，最终形成端到端的 VPN 技术。

QinQ 将用户私网 VLAN Tag 封装在公网 VLAN Tag 中，使报文带着两层 VLAN Tag 穿越运营商的骨干网络（公网）。在公网中，报文只根据外层 VLAN Tag（即公网 VLAN Tag）传播，用户的私网 VLAN Tag 被屏蔽，节约了公网 VLAN ID，为用户提供一种较为简单的二层 VPN 隧道，如图 8-3 所示。

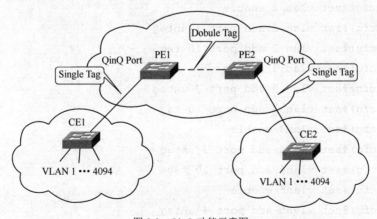

图 8-3　QinQ 功能示意图

用户网络的 CE1 交换机上行的报文带有单层 VLAN Tag，报文到达运营商网络的 PE1 交换机的 QinQ 端口，根据 QinQ 端口的配置，给单层 VLAN 报文增加外层 VLAN Tag，即将单层 Tag 报文变为双层 Tag 报文。双层 Tag 报文根据外层 VLAN Tag，在运营商网络中转发到运营商网络的 PE2 交换机。在 PE2 交换机的 QinQ 端口上，将报文的外层 VLAN Tag 删除，即恢复为单层 VLAN Tag，转发给用户网络的 CE2 交换机。

QinQ 主要解决的问题：

（1）通过屏蔽用户的 VLAN ID，从而大大地节省了紧缺的服务商公网 VLAN ID 资源。

（2）用户可以规划私网 VLAN ID，不会导致与公网和其他用户 VLAN ID 冲突。

（3）提供了简单的二层 VPN 解决方案。

8.3.2　QinQ 配置实例

目标：

理解 QinQ 的原理及应用环境，掌握 QinQ 的基本配置。

拓扑图：

本实例的网络拓扑如图 8-4 所示。

Switch 1 为二层交换机，完成给数据包打内层标签（VLAN 2～6）的工作；Switch 2 为三层交换机，完成给数据包打外层标签（VLAN 10）的工作。

配置步骤：

如果 Switch 1、Switch 2 为中兴设备，配置步骤如下。

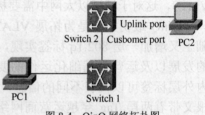

图 8-4　QinQ 网络拓扑图

Switch 1 的配置如下：

```
Zte (cfg)#set port 1 pvid 2
Zte (cfg)#set port 2 pvid 3
Zte (cfg)#set port 3 pvid 4
Zte (cfg)#set port 4 pvid 5
Zte (cfg)#set port 5 pvid 6
Zte (cfg)#set vlan 2 enable
Zte (cfg)#set vlan 2 add port 1 untag
Zte (cfg)#set vlan 2 add port 10 tag
Zte (cfg)#set vlan 3 enable
Zte (cfg)#set vlan 3 add port 2 untag
Zte (cfg)#set vlan 3 add port 10 tag
Zte (cfg)#set vlan4 enable
Zte (cfg)#set vlan4 add port 3 untag
Zte (cfg)#set vlan4 add port 10 tag
Zte (cfg)#set vlan5 enable
Zte (cfg)#set vlan5 add port 4 untag
Zte (cfg)#set vlan5 add port 10 tag
```

```
Zte (cfg)#set vlan 6 enable
Zte (cfg)#set vlan 6 add port 5 untag
Zte (cfg)#set vlan 6 add port 10 tag
```

Switch2 的配置如下：

```
ZXR10(config)#vlan 10
ZXR10(config)#interface fei_1/1
ZXR10(config-if)#switchport qinq customer
ZXR10(config-if)#switchport access vlan 10
ZXR10(config)#interface fei_1/2
ZXR10(config-if)#switchport qinq uplink
ZXR10(config-if)#switchport mode trunk
ZXR10(config-if)#switchport trunk vlan 10
```

测试：

PC1 发广播包，PC2 抓包，抓到的包应该有两层标签。

8.4　SuperVLAN 原理与配置

8.4.1　SuperVLAN 原理

传统的 ISP 网络给每个用户分配一个 IP 子网，每分配一个子网，就有 3 个 IP 地址被占用，分别作为子网的网络号、广播地址和默认网关。如果一些用户的子网中有大量未分配的 IP 地址，也无法给其他用户使用，因此这种方法会造成 IP 地址的浪费。

SuperVLAN 有效地解决了这个问题，它把多个 VLAN（称为子 VLAN）聚合成一个 SuperVLAN，这些子 VLAN 使用同一个 IP 子网和默认网关。

利用 SuperVLAN 技术，ISP 只需为 SuperVLAN 分配一个 IP 子网，并为每个用户建立一个子 VLAN，所有子 VLAN 可以灵活分配 SuperVLAN 子网中的 IP 地址，使用 SuperVLAN 的默认网关。每个子 VLAN 都是一个独立的广播域，保证不同用户之间的隔离，子 VLAN 之间的通信通过 SuperVLAN 进行路由。

8.4.2　SuperVLAN 配置实例

目标：

在 Switch A、Switch B 上，将连接到不同的 VLAN 内 PC 的 IP 地址配置成同一 IP 网段，同时可以互相 Ping 通。通过 SuperVLAN 的配置，保证不同用户之间的隔离，子 VLAN 之间的通信通过 SuperVLAN 进行路由。

拓扑图：

本实例的网络拓扑如图 8-5 所示。

在 Switch A 上配置 SuperVLAN，分配子网 10.1.1.0/24，网关为 10.1.1.1。Switch B 上配置两个子 VLAN，即 VLAN 2 和 VLAN 3，属于 SuperVLAN。Switch A 和 Switch B 通过 Trunk 端口相连。

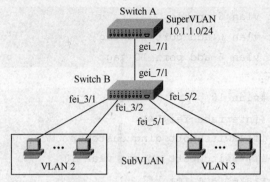

图 8-5　SuperVLAN 网络拓扑图

配置步骤：

如果 Switch A、Switch B 为中兴设备，Switch A 的配置如下。

1. 创建 SuperVLAN 并分配子网、指定网关

```
ZXR10_A(config)#interface superVLAN10
ZXR10_A(config-int)#ip address 10.1.1.1 255.255.255.0
ZXR10_A(config-int)#exit
```

2. 把 SubVLAN 加入到 SuperVLAN

```
ZXR10_A(config)#vlan 2
ZXR10_A(config-vlan)#superVLAN10
ZXR10_A(config-vlan)#exit
ZXR10_A(config)#vlan 3
ZXR10_A(config-vlan)#superVLAN10
ZXR10_A(config-vlan)#exit
```

3. 设置 VLAN Trunk 端口

```
ZXR10_A(config)#interface gei_7/1
ZXR10_A(config-int)#switch mode trunk
ZXR10_A(config-int)#switch trunk vlan 2-3
```

SwitchB 的配置如下：

```
ZXR10_B(config)#interface fei_3/1
ZXR10_B(config-int)#SwitchAccess vlan 2
ZXR10_B(config-int)#exit
ZXR10_B(config)#interface fei_3/2
ZXR10_B(config-int)#SwitchAccess vlan 2
ZXR10_B(config-int)#exit
ZXR10_B(config)#interface fei_5/1
ZXR10_B(config-int)#SwitchAccess vlan 3
ZXR10_B(config-int)#exit
```

```
ZXR10_B(config)#interface fei_5/2
ZXR10_B(config-int)#SwitchAccess vlan 3
ZXR10_B(config-int)#exit
ZXR10_B(config)#interface gei_7/1
ZXR10_B(config-int)#switch mode trunk
ZXR10_B(config-int)#switch trunk vlan 2-3
```

测试：

连接在不同 SubVLAN 内的 PC 应该可以互通。

 习题

1. 什么是端口聚合？
2. 端口聚合有哪些优点？
3. 实现端口聚合需要满足哪些条件？
4. 端口聚合应该如何配置？
5. PVLAN 的作用是什么？
6. PVLAN 端口有哪些类型？各自有什么特点？
7. QinQ 解决了哪些问题？
8. QinQ 功能是如何实现的？
9. SeperVLAN 解决了哪些问题？
10. 说明 SeperVLAN 的原理。

第三篇
路由技术与应用

第 9 章

路由基础

【学习目标】

了解路由的定义

理解路由器的作用（重点）

掌握路由表的组成

理解路由的分类及特点（难点）

掌握静态路由与缺省路由的配置方法（重点）

理解 VLAN 间通信的方法（难点）

掌握单臂路由和三层交换的配置方法（难点）

关键词：路由；路由表；静态路由；动态路由；优先级

9.1 路由与路由器

路由是指导 IP 报文从源发送到目的的路径信息，也可理解为通过相互连接的网络把数据包从源地点移动到目标地点的过程。

路由与交换虽然很相似，却是不同的概念。交换发生在 OSI 参考模型的数据链路层，而路由发生在网络层。两者虽然都是对数据进行转发，但是所利用的信息以及处理方式方法都是不同的。

在互连网络中进行路由选择所使用的设备，或者说，实现路由的设备，称之为路由器。路由器用于连接不同网络，在不同网络间转发数据单元，是互连网络的枢纽、交通警察。我们这样来打个比喻：如果把 Internet 的传输线路看作一条信息公路的话，组成 Internet 的各个网络相当于分布于公路上各个信息城市，它们之间传输的信息（数据）相当于公路上的车辆，而路由器就是进出这些城市的大门和公路上的驿站，它负责在公路上为车辆指引道路和在城市边缘安排车辆进出。因此，作为不同网络之间互相连接的枢纽，路由器系统构成了基于 TCP/IP 协议族的国际互连网络 Internet 的主体脉络，是 Internet 的骨架。在园区网、地区网乃至整个 Internet 研究领域中，路由器技术始终处于核心地位，其发展历程和方向，成为整个 Internet 研究的一个缩影。由于未来的宽带 IP 网络仍然使用 IP 来进行路由，路由器将扮演着重要的角色。

路由器的两个基本功能是路由功能和交换功能。路由器从一个端口收到一个报文后，去除链路层封装，交给网络层处理。网络层首先检查报文是否是送给本机的，如果是，则去掉网络层封装，送给上层协议处理。如果不是，则根据报文的目的地址查找路由表，若找到路由，则将报文交给相应端口的数据链路层，封装端口对应的链路层协议后，发送报文。若找不到路由，则将报文丢弃。路由器的交换/转发指的是数据在路由器内部传送与处理的过程：从路由器一个端口接收，然后选择合适端口转发，其间做帧的解封装与封装，并对数据包做相应处理。

具体来说，路由器需要具备的主要功能如下：

（1）路由功能（寻径功能）。包括路由表的建立、维护和查找。

（2）交换功能。路由器的交换功能与以太网交换机执行的交换功能不同，路由器的交换功能是指在网络之间转发分组数据的过程，涉及从接收端口收到数据帧，解封装，对数据包做相应处理，根据目的网络查找路由表，决定转发端口，做新的数据链路层封装等过程。

（3）隔离广播、指定访问规则。路由器阻止广播的通过，并且可以设置访问控制列表（ACL）对流量进行控制。

（4）异种网络互连。支持不同的数据链路层协议，连接异种网络。

（5）子网间的速率匹配。路由器有多个端口，不同端口具有不同的速率，路由器需要利用缓存及流控协议进行速率适配。

对于不同规模的网络，路由器作用的侧重点有如下一些不同。

（1）在骨干网上，路由器的主要作用是路由选择。骨干网上的路由器，必须知道到达所有下层网络的路径。这需要维护庞大的路由表，并对连接状态的变化作出尽可能迅速的反应。路由器的故障将会导致严重的信息传输问题。

（2）在地区网中，路由器的主要作用是网络连接和路由选择，即连接下层各个基层网络单位——园区网，同时负责下层网络之间的数据转发。

（3）在园区网内部，路由器的主要作用是分隔子网。早期的互连网基层单位是局域网，其中所有主机处于同一个逻辑网络中。随着网络规模的不断扩大，局域网演变成以高速骨干和路由器连接的多个子网所组成的园区网。在其中，各个子网在逻辑上独立，而路由器就是唯一能够分隔它们的设备，它负责子网间的报文转发和广播隔离，在边界上的路由器则负责与上层网络的连接。

9.2　路由原理

路由器工作时依赖于路由表进行数据的转发。路由表犹如一张地图，它包含着去往各个目的的路径信息（路由条目）。不同厂家的路由器使用不同的操作命令查看相关信息。

华为路由器中，我们可以通过命令 display ip routing-table 查看路由表。

```
[Huawei]display ip routing-table
Route Flags: R - relay, D - download to fib

Routing Tables: Public

Destinations : 6   Routes : 6

Destination/Mask Proto  Pre Cost Flags NextHop       Interface
 1.1.1.1/32      Direct 0   0    D     127.0.0.1     InLoopBack0
 192.168.1.0/24  Direct 0   0    D     192.168.1.1   Ethernet1/0/0
 192.168.1.1/32  Direct 0   0    D     127.0.0.1     InLoopBack0
 192.168.2.0/24  Static 60  0    RD    192.168.1.254 Ethernet1/0/0
```

路由表中包含了下列关键项。

（1）Destination：目的地址。用来标志 IP 包的目的地址或目的网络。

（2）Mask：网络掩码。与目的地址一起来标志目的主机或路由器所在的网段的地址。掩码由若干个连续"1"构成，既可以用点分十进制表示，也可以用掩码中连续"1"的个数来表示，如掩码 255.255.255.0 长度为 24，即可以表示为 24。

（3）Proto：Protocol。用来生成、维护路由的协议或者方式方法，如 Static、RIP、OSPF、ISIS、BGP 等。

（4）Pre：Preference。本条路由加入 IP 路由表的优先级。针对同一目的地，可能存在不同下一跳、出端口的若干条路由，这些不同的路由可能是由不同的路由协议发现的，也可以是手工配置的静态路由。优先级高（数值小）者将成为当前的最优路由。

（5）Cost：路由开销。当到达同一目的地的多条路由具有相同的优先级时，路由开销最小的将成为当前的最优路由。Preference 用于不同路由协议间路由优先级的比较，Cost 用于同一种路由协议内部不同路由优先级的比较。

（6）NextHop：下一跳 IP 地址。说明 IP 包所经由的下一个设备。

（7）Interface：输出端口。说明 IP 包将从该路由器哪个端口转发。

中兴路由器中，我们可以通过命令 show ip route 查看路由表。

Zhongxing#show ip route

IPv4 Routing Table:

```
Dest           Mask              Gw            Interface   Owner     pri   metric
0.0.0.0        0.0.0.0           10.1.1.2      fei_1/1     static    1     0
10.1.1.0       255.255.255.0     10.1.1.2      fei_1/1     direct    0     0
10.1.1.2       255.255.255.255   10.1.1.2      fei_1/1     address   0     0
30.1.1.0       255.255.255.0     30.1.1.1      fei_0/1     direct    0     0
30.1.1.1       255.255.255.255   30.1.1.1      fei_0/1     address   0     0
```

路由表中 Dest 的含义与 Destination 相同，指目的地址；Mask 指网络掩码；Gw 的含义与 NextHop 相同，指下一跳 IP 地址；Interface 指输出端口；Owner 的含义与 Proto 相同，指用来生成、维护路由的协议或者方式方法；pri 含义与 Pre 相同，指本条路由加入 IP 路由表的优先级；metric 含义与 Cost 相同，指路由开销。

下面通过一个例子来说明路由的过程，如图 9-1 所示，RTA 左侧连接网络 10.3.1.0，RTC 右侧连接网络 10.4.1.0，当 10.3.1.0 网络有一个数据包要发送到 10.4.1.0 网络时，IP 路由的过程如下：

目标网络	下一跳	接口		目标网络	下一跳	接口		目标网络	下一跳	接口
10.1.2.0	10.1.2.1	E0		10.1.2.0	10.1.2.2	E0		10.1.2.0	10.2.2.2	E0
10.2.1.0	10.1.2.2	E0		10.2.1.0	10.1.2.1	E0		10.2.1.1	10.2.1.2	E0
10.3.1.0	10.3.1.1	E1		10.3.1.0	10.1.2.1	E0		10.3.1.0	10.2.1.1	E0
10.4.1.0	10.1.2.2	E0		10.4.1.0	10.2.1.2	E1		10.4.1.0	10.4.1.1	E1

图 9-1　IP 路由的过程

（1）10.3.1.0网络的数据包被发送给与网络直接相连的RTA的E1端口，E1端口收到数据包后查找自己的路由表，找到去往目的地址的下一跳为10.1.2.2，出端口为E0，于是数据包从E0端口发出，交给下一跳10.1.2.2。

（2）RTB的10.1.2.2（E0）端口收到数据包后，同样根据数据包的目的地址查找自己的路由表，查找到去往目的地址的下一跳为10.2.1.2，出端口为E1，同样，数据包被从E1端口发出，交给下一跳10.2.1.2。

（3）RTC的10.2.1.2（E0）端口收到数据后，依旧根据数据包的目的地址查找自己的路由表，查找目的地址是自己的直连网段，并且去往目的地址的一跳为10.4.1.1，端口是E1。最后数据包从E1端口送出，交给目的地址。

9.3　路由的来源

9.3.1　路由的分类

根据路由信息产生的方式和特点，也就是路由是如何生成的，路由可以被分为直连路由、静态路由、动态路由和特殊路由4种。

1. 直连路由

直连路由是指与路由器相直连的网段的路由条目。直连路由不需要特别配置，只需要在路由器端口上设置IP地址，然后由链路层发现（链路层协议Up，路由表中即可出现相应路由条目；链路层协议Down，相应路由条目消失）。链路层发现的路由不需要维护，减少了维护的工作。而不足之处是链路层只能发现端口所在的直连网段的路由，无法发现跨网段的路由。跨网段的路由需要用其他的方法获得。在华为设备路由表中，直连路由的Proto字段显示为Direct，路由优先级Pre为0，路由开销Cost为0。当给端口配置IP地址后（链路层已Up），在路由表中出现相应的路由条目。

```
[Huawei-Ethernet1/0/0]ip address 192.168.1.1 24
[Huawei]display ip routing-table
Route Flags: R - relay, D - download to fib

Routing Tables: Public
Destinations : 7    Routes : 7
Destination/Mask    Proto   Pre Cost Flags NextHop       Interface
127.0.0.0/8         Direct  0   0     D     127.0.0.1     InLoopBack0
127.0.0.1/32        Direct  0   0     D     127.0.0.1     InLoopBack0
127.255.255.255/32  Direct  0   0     D     127.0.0.1     InLoopBack0
192.168.1.0/24      Direct  0   0     D     192.168.1.1   thernet1/0/0
192.168.1.1/32      Direct  0   0     D     127.0.0.1     InLoopBack0
192.168.1.255/32    Direct  0   0     D     127.0.0.1     InLoopBack0
255.255.255.255/32  Direct  0   0     D     127.0.0.1     InLoopBack0
```

在中兴设备路由表中，直连路由的Owner字段显示为direct，路由优先级pri为0，路由开销 metric 为 0。

```
Zhongxing#show ip route
IPv4 Routing Table:
Dest         Mask             Gw         Interface  Owner    pri  metric
10.1.1.0     255.255.255.0    10.1.1.2   fei_1/1    direct   0    0
10.1.1.2     255.255.255.255  10.1.1.2   fei_1/1    address  0    0
```

2. 静态路由

系统管理员手工设置的路由称之为静态路由，一般是在系统安装时就根据网络的配置情况预先设定的，它不会随未来网络拓扑的改变自动改变。

其优点是不占用网络、系统资源、安全；其缺点是当一个网络故障发生后，静态路由不会自动修正，必须有管理员的介入，需网络管理员手工逐条配置，不能自动对网络状态变化做出相应的调整。

在华为设备路由表中，静态路由的 Proto 字段显示为 Static，默认情况下，路由优先级 Pre 为 60，路由开销 Cost 为 0。

```
[Huawei]display ip routing-table
Route Flags: R - relay, D - download to fib
Routing Tables: Public
Destinations : 6   Routes : 6
Destination/Mask   Proto   Pre Cost Flags NextHop        Interface
127.0.0.0/8        Direct  0   0    D     127.0.0.1      InLoopBack0
127.0.0.1/32       Direct  0   0    D     127.0.0.1      InLoopBack0
127.255.255.255/32 Direct  0   0    D     127.0.0.1      InLoopBack0
192.168.1.0/24     Direct  0   0    D     192.168.1.1    Ethernet1/0/0
192.168.1.1/32     Direct  0   0    D     127.0.0.1      InLoopBack0
192.168.2.0/24     Static  60  0    RD    192.168.1.254  Ethernet1/0/0
```

静态路由常用命令见表 9-1。

表 9-1   静态路由常用命令

常用命令	视　图	作　用
ip route-static ip-address{mask|mask-length} nexthop-address|interface-type interface-number [nexthop-address]}[preference preference|tag tag]	系统	配置静态路由
display ip interface [brief][interface-type interface-number]	所有	查看端口与 IP 相关的配置、统计信息或简要信息
display ip routing-table	所有	查看路由表

在中兴设备路由表中，静态路由的 Owner 字段显示为 static。路由优先级 pri 为 1，其路由开销 metric 值为 0。

```
Zhongxing#show ip route
IPv4 Routing Table:
Dest         Mask             Gw         Interface  Owner    pri  metric
```

```
20.1.1.0   255.255.255.0    20.1.1.1   fei_1/1    direct    0    0
20.1.1.1   255.255.255.255  20.1.1.1   fei_1/1    address   0    0
30.1.1.0   255.255.255.0    10.1.1.1   fei_0/1    static    1    0
```

路由器 B 的静态路由配置如图 9-2 所示。

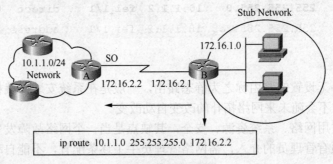

图 9-2　静态路由配置

3. 动态路由

动态路由是指由动态路由协议发现的路由。

当网络拓扑十分复杂时，手工配置静态路由工作量大而且容易出现错误，这时就可用动态路由协议，让其自动发现和修改路由，无需人工维护。但动态路由协议开销大，配置复杂。网络当中存在多种路由协议，如 RIP、OSPF、ISIS、BGP 等，各路由协议都有其特点和应用环境。

在华为设备路由表中，动态路由的 Proto 字段显示为具体的某种动态路由协议，中兴设备路由表中，动态路由的 Owner 字段同样显示为具体的某种动态路由协议。

```
[Huawei]display ip routing-table
Route Flags: R - relay, D - download to fib
Routing Tables:  Public
Destinations : 3 Routes : 3
Destination/Mask Proto   Pre  Cost Flags NextHop     Interface
1.1.1.1/32       RIP     100  1    D     12.12.12.1  Serial1/0/0
11.11.11.11/32   OSPF    10   1562 D     12.12.12.1  Serial1/0/0
12.12.12.0/24    Direct  0    0    D     12.12.12.2  Serial1/0/0
```

4. 特殊路由

（1）缺省路由也称为默认路由，是一种特殊的路由。缺省路由的网络地址和子网掩码全部为 0。一般来说，管理员可以通过手工方式也就是静态方式配置缺省路由。某些动态路由协议在边界路由器上也可以生成缺省路由，然后下发给其他路由，如 OSPF 和 ISIS 等。

当路由器收到一个目的地在路由表中查找不到的数据包时，会将数据包转发给缺省路由指向的下一跳。如果路由表中不存在缺省路由，那么该报文将被丢弃，并向源端返回一个 ICMP 报文，报告该目的地址或网络不可达。在华为路由器上，使用命令 display ip routing-table 可以查看当前是否设置了缺省路由。

```
[Huawei]display ip routing-table
Route Flags: R - relay, D - download to fib
Routing Tables: Public
Destinations : 2 Routes : 2
Destination/Mask  Proto   Pre  Cost  Flags  NextHop      Interface
0.0.0.0/0         Static  60   0     RD     192.168.1.1  Ethernet0/0/0
127.0.0.0/8       Direct  0    0     D      127.0.0.1    InLoopBack0
```

在中兴路由器上，使用命令 show ip route 可以查看当前是否设置了缺省路由。

```
Zhongxing#show ip route
IPv4 Routing Table:
Dest     Mask          Gw        Interface  Owner   pri  metric
0.0.0.0  0.0.0.0       10.1.1.2  fei_1/1    static  1    0
10.1.1.0 255.255.255.0 10.1.1.2  fei_1/1    direct  0    0
```

图 9-3 中显示的是一个手工配置缺省路由的例子。所有从 172.16.1.0 网络中传出的没有明确目的地址路由条目与之匹配的 IP 包，都被传送到了默认的网关 172.16.2.2 上。

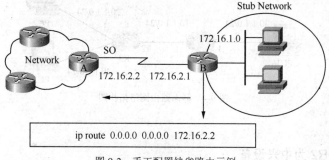

图 9-3　手工配置缺省路由示例

（2）主机路由，顾名思义就是针对主机的路由条目，通常用于控制到达某台主机的路径。主机路由的特点是其子网掩码为 32 位。

```
[Huawei]display ip routing-table
Route Flags: R - relay, D - download to fib
Routing Tables: Public
Destinations : 3 Routes : 3
Destination/Mask  Proto   Pre  Cost  Flags  NextHop      Interface
1.1.1.1/32        Static  60   0     RD     192.168.1.1  Ethernet0/0/0
127.0.0.0/8       Direct  0    0     D      127.0.0.1    InLoopBack0
127.0.0.1/32      Direct  0    0     D      127.0.0.1    InLoopBack0
```

（3）黑洞路由是一条指向 NULL0 的路由条目。NULL0 是一个虚拟端口，特点是永远 Up，不可关闭。凡是匹配该路由的数据，都将在此路由器上被终结，且不会向源端通告信息。

```
[Huawei]display ip routing-table
Route Flags: R - relay, D - download to fib
```

```
Routing Tables: Public
Destinations : 4   Routes : 4
Destination/Mask   Proto    Pre  Cost  Flags  NextHop      Interface
127.0.0.0/8        Direct   0    0     D      127.0.0.1    InLoopBack0
127.0.0.1/32       Direct   0    0     D      127.0.0.1    InLoopBack0
127.255.255.255/32 Direct   0    0     D      127.0.0.1    InLoopBack0
192.168.0.0/16     Static   60   0     D      0.0.0.0      NULL0
```

黑洞路由通常应用于安全防范、路由防环等场景。

9.3.2　静态路由配置实例

目标：

掌握静态路由的配置，理解路由器逐跳转发的特性。

拓扑图：

本实例的网络拓扑如图 9-4 所示。

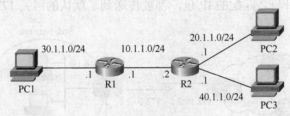

图 9-4　静态路由网络拓扑图

配置步骤：

1. 如果 R1、R2 为中兴设备

（1）按拓扑图配置端口 IP 地址

```
R1：
R1#configure terminal                                    //进入全局配置模式
R1(config)# interface fei_1/1            //进入端口配置模式，该端口接 R2
R1(config-if)#ip address 10.1.1.1  255.255.255.0    //配置端口的 IP
R1 (config-if)#exit                              //退回全局配置模式
R1 (config)# interface fei_0/1                    //该端口接 PC1
R1 (config-if)#ip address 30.1.1.1  255.255.255.0  //PC1 的 IP 必须跟
端口的 IP 在同一网段
R1 (config-if)#exit
R2：
R2#configure terminal
R2(config)#interface fei_0/1                            //该端口接 R1
R2(config-if)#ip address 10.1.1.1  255.255.255.0
R2(config-if)#exit
R2(config)#interface fei_1/1                            //该端口接 PC2
```

```
R2(config-if)#ip address 20.1.1.1  255.255.255.0
R2(config-if)#exit
R2(config)#interface fei_2/1                          //该端口接 PC3
R2(config-if)#ip address 40.1.1.1  255.255.255.0
R2(config-if)#exit
```

（2）配置静态路由

```
R1:
R1(config)#ip route 20.1.1.0  255.255.255.0  10.1.1.2    //配置静态路
由，访问 20．1.1.0/24 网络地址的下一跳均为 10.1.1.2
R1(config)#ip route 40.1.1.0  255.255.255.0  10.1.1.2
R2:
R2(config)#ip route 30.1.1.0  255.255.255.0  10.1.1.2    //配置静态路
由，访问 30.1.1.0 网段时的下一跳为 10.1.1.2
```

2．如果 R1、R2 为华为设备

（1）按拓扑图配置端口 IP 地址

```
R1:
[R1] interface GigabitEthernet 0/0/1
[R1-GigabitEthernet 0/0/1]ip address 10.1.1.1  24
[R1-GigabitEthernet 0/0/1]quit
[R1]interface GigabitEthernet 0/0/2
[R1-GigabitEthernet 0/0/4]ip address 30.1.1.1  24
R2:
[R2] interface GigabitEthernet 0/0/1
[R2-GigabitEthernet 0/0/1]ip address 10.1.1.2  24
[R2-GigabitEthernet 0/0/1]quit
[R2]interface GigabitEthernet 0/0/2
[R2-GigabitEthernet 0/0/4]ip address 20.1.1.1  24
[R2]interface GigabitEthernet 0/0/3
[R2-GigabitEthernet 0/0/4]ip address 40.1.1.1  24
```

（2）配置静态路由

```
R1:
[R1]ip route-static 20.1.1.0  24  10.1.1.2
[R1]ip route-static 40.1.1.0  24  10.1.1.2
R2:
[R2]ip route-static 30.1.1.0  24  10.1.1.1
```

测试：

（1）查看建立的路由条目，观察其是否有静态路由。

（2）PC1 可以和 PC2、PC3 互通。

9.3.3　默认路由配置实例

目标：

掌握默认路由的配置，理解其与静态路由的异同。

拓扑图：

本实例的网络拓扑如图9-5所示。

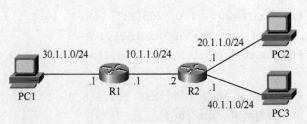

图9-5　默认路由网络拓扑图

配置步骤：

1．如果R1、R2为中兴设备

（1）按拓扑图配置端口IP地址

```
R1:
R1#configure terminal                    //进入全局配置模式
R1(config)# interface fei_1/1            //进入端口配置模式,该端口接R2
R1(config-if)#ip address 10.1.1.1 255.255.255.0    //配置端口的IP
R1 (config-if)#exit                      //退回全局配置模式
R1 (config)# interface fei_0/1           //该端口接PC1
R1 (config-if)#ip address 30.1.1.1 255.255.255.0  //PC1的IP必须跟端
口的IP在同一网段
R1 (config-if)#exit
R2:
R2#configure terminal
R2(config)#interface fei_0/1             //该端口接R1
R2(config-if)#ip address 10.1.1.1  255.255.255.0
R2(config-if)#exit
R2(config)#interface fei_1/1             //该端口接PC2
R2(config-if)#ip address 20.1.1.1  255.255.255.0
R2(config-if)#exit
R2(config)#interface fei_2/1             //该端口接PC3
R2(config-if)#ip address 40.1.1.1  255.255.255.0
R2(config-if)#exit
```

（2）配置默认路由

```
R1:
R1(config)#ip route 0.0.0.0  0.0.0.0  10.1.1.2
R2:
R2(config)#ip route 0.0.0.0  255.255.255.0  10.1.1.2
```

2. 如果 R1、R2 为华为设备

（1）按拓扑图配置端口 IP 地址

```
R1:
[R1] interface GigabitEthernet 0/0/1
[R1-GigabitEthernet 0/0/1]ip address 10.1.1.1  24
[R1-GigabitEthernet 0/0/1]quit
[R1]interface GigabitEthernet 0/0/2
[R1-GigabitEthernet 0/0/4]ip address 30.1.1.1  24
R2:
[R2] interface GigabitEthernet 0/0/1
[R2-GigabitEthernet 0/0/1]ip address 10.1.1.2  24
[R2-GigabitEthernet 0/0/1]quit
[R2]interface GigabitEthernet 0/0/2
[R2-GigabitEthernet 0/0/4]ip address 20.1.1.1  24
[R2]interface GigabitEthernet 0/0/3
[R2-GigabitEthernet 0/0/4]ip address 40.1.1.1  24
```

（2）配置默认路由

```
R1:
[R1]ip route-static 0.0.0.0  0.0.0.0  10.1.1.2
R2:
[R2]ip route-static 0.0.0.0  0.0.0.0  10.1.1.1
```

测试：

（1）查看建立的路由条目，观察其是否有默认路由。

（2）PC1 可以和 PC2、PC3 互通。

9.4　路由的优先级

路由的优先级是判定路由条目是否能被优选的重要条件。

对于相同的目的地，不同的路由协议（包括静态路由）可能会发现不同的路由，但这些路由并不都是最优的。为了判断最优路由，各路由协议（包括静态路由）都被赋予了一个优先级，当存在多个路由信息源时，具有较高优先级（值较小）的路由协议发现的路由将成为最优路由。华为路由协议外部优先级见表 9-2，中兴路由协议优先级见表 9-3。

表 9-2　　　　　　　　　　　　　　　华为路由协议外部优先级

路由协议或路由种类	优 先 级
Direct	0
OSPF	10
ISIS	15
Static	60
RIP	100
OSPF ASE	150
OSPF NSSA	150
IBGP	255
EBGP	255

表 9-3　　　　　　　　　　　　　　　中兴路由协议优先级

路由协议	优先级
直连路由	0
静态路由	1
外部 BGP（EBGP）协议	20
OSPF 协议	110
RIP v1、v2 协议	120
内部 BGP（IBGP）协议	200
Special（内部处理使用）	255

其中，0 表示直接连接的路由，255 表示任何来自不可信源端的路由，数值越小表明优先级越高。

除直连路由外，各种路由协议的优先级都可由用户手工进行配置。另外，每条静态路由的优先级都可以不相同。

除此以外，在华为设备中，优先级有外部优先级和内部优先级之分，外部优先级即前面提到的用户为各路由协议配置的优先级。当不同的路由协议配置了相同的优先级后，系统会通过内部优先级决定哪个路由协议发现的路由将成为最优路由。华为定义的路由内部优先级见表 9-4。

表 9-4　　　　　　　　　　　　　　　华为路由内部优先级

路由协议或路由种类	相应路由的优先级
Direct	0
OSPF	10
ISIS Level-1	15
ISIS Level-2	18
Static	60
RIP	100
OSPF ASE	150
OSPF NSSA	150
IBGP	200
EBGP	20

例如，到达同一目的地 10.1.1.0/24 有两条路由可供选择，一条静态路由，另一条是 OSPF 路由，且这两条路由的协议优先级都被配置成 5。这时路由器将根据表 2 所示的内部优先级进行判断。因为 OSPF 协议的内部优先级是 10，高于静态路由的内部优先级 60，所以系统选择 OSPF 协议发现的路由作为可用路由。

9.5 路由的度量值

路由度量值也是判定路由条目是否能被优选的重要条件。

路由度量值表示这条路由所指定的路径的代价，也称为路由权值。各路由协议定义度量值的方法不同，通常会考虑以下因素。

（1）跳数。跳数度量可以简单地记录路由器跳数。

（2）链路带宽。带宽度量将会选择高带宽路径，而不是低带宽路径。

（3）链路时延。时延是度量报文经过一条路径所花费的时间。使用时延作度量的路由选择协议将会选择使用最低时延的路径作为最优路径。有多种方法可以度量时延。时延不仅要考虑链路时延，而且还要考虑路由器的处理时延和队列时延等因素。另一方面，路由的时延可能根本无法度量。因此，时延可能是沿路径各端口所定义的静态延时量的总和，其中每个独立的时延量是基于连接按口的链路类型估算而得到的。因为延迟是多个重要变量的混合体，所以它是个比较有效的度量。

（4）链路负载。负载度量反应了占用沿途链路的流量大小，最优路径应该是负载最低的路径。不像跳数和带宽，路径上的负载会发生变化，因而度量也会跟着变化。如果度量变化过于频繁，路由翻动（即最优路径频繁变化）可能就会发生。路由翻动会对路由器的 CPU、数据链路的带宽和全网稳定性产生负面影响。

（5）链路可靠性。可靠性度量是用以度量链路在某种情况下发生故障的可能性，可靠性可以是变化的或固定的。链路发生故障的次数或特定时间间隔内收到错误的次数都是可变可靠性度量的例子。固定可靠性度量是基于管理员确定的一条链路的已知量。可靠性最高的路径将会被最优先选择。

（6）链路 MTU。链路 MTU（Maximum Transmission Unit，最大传输单元）是指该链路上所能传输的最大数据，一般以字节为单位。在链路情况良好的情况下，一般 MTU 值越大，则数据的有效负载越大。

（7）代价。由管理员设置的代价度量可以反应路由的等级。通过任何策略或链路特性可以对代价进行定义，同时代价也可以反应出网络管理员意见的独断性。谈起路由选择时，常常会把代价作为一个通用术语，如 RIP 基于跳数选择代价最低的路径。但还有个通用术语是最短，如 RIP 基于跳数选择最短路径。当在这种情况中使用它们时，最小代价（最高代价）或虽短（最长）仅仅指的是路由选择协议基于自己特定的度量对路径的一种看法。

不同的动态路由协议会选择其中的一种或几种因素来计算度量值。在常用的路由协议里，RIP 使用"跳数"来计算度量值，跳数越小，其路由度量值也就越小；而 OSPF 使用"链路带宽"来计算度量值，链路带宽越大，路由度量值也就越小。度量值通常只对动态的路由协议有意义，静态路由协议的度量值统一规定为 0。

值得注意的是，路由度量值只在同一种路由协议内有比较意义，不同的路由协议之间的路由度量值没有可比性，也不存在换算关系。

下面分析一下当路由器有多条到达相同目的网络（网络地址与子网掩码相同）的路径时，路由器如何优选路由条目（即将其加入路由表，并使其生效）。当有两条路径时，路由器的路由条目选择操作如图9-6所示。超过两条路径时，以此类推。

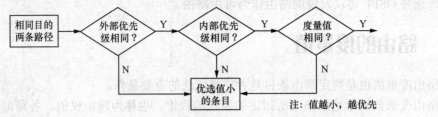

图9-6　路由条目选择操作

路由表中有众多条目，当路由器准备转发数据时，将按照最长匹配原则查找出合适条目，再按照条目中指定路径发送。

最长匹配原则应用过程如下：数据报文的转发基于目的 IP 地址进行转发，当数据报文到达路由器时，路由器首先提取出报文的目的 IP 地址，查找路由表，将报文的目的 IP 地址与路由表中的最长的掩码字段做"与"操作，"与"操作后的结果跟路由表该表项的目的 IP 地址比较，相同则匹配上，否则就没有匹配上。若未匹配上，路由器将寻找出拥有第二长掩码字段的条目，并重复刚才的操作，依次类推。一旦匹配成功，路由器将立即按照条目指定路径转发数据包，若最终都未能匹配，则丢弃该数据包。如在下面的路由表中，目的地址为 9.1.2.1 的数据报文，将选中 9.1.0.0/16 的路由。

```
[Quidway] display ip routing-table
Route Flags: R - relay, D - download to fib

Routing Tables: Public

Destinations : 7  Routes : 7

Destination/Mask  proto   pref  Cost  Flags  Nexthop      Interface
0.0.0.0/0         Static  60    0     D      120.0.0.2    Serial0/0
8.0.0.0/8         RIP     100   3     D      120.0.0.2    Serial0/1
9.0.0.0/8         OSPF    10    50    D      20.0.0.2     Ethernet0/0
9.1.0.0/16        RIP     100   4     D      120.0.0.2    Serial0/0
11.0.0.0/8        Static  60    0     D      120.0.0.2    Serial0/1
20.0.0.0/8        Direct  0     0     D      20.0.0.1     Ethernet0/2
20.0.0.1/32       Direct  0     0     D      127.0.0.1    LoopBack0
```

9.6 VLAN 间通信

9.6.1 VLAN 间通信方式

一个 VLAN 就是一个广播域，就是一个局域网。在一个交换机中划分 VLAN 后，虽然隔离了广播域，同时阻止了不同 VLAN 之间的通信。如果要实现不同 VLAN 间通信，就要借助三层设备。VLAN 间的通信问题实质就是 VLAN 间的路由问题。

VLAN 之间的通信使用路由器进行，那么在建立网络的时候就有个联网的选择问题。目前实现 VLAN 间路由可采用普通路由、单臂路由、三层交换 3 种方式。

1. 普通路由

　　为每个 VLAN 单独分配一个路由器端口。每个物理端口就是对应 VLAN 的网关，VLAN 间的数据通信通过路由器进行三层路由，这样就可以实现 VLAN 之间相互通信，如图 9-7 所示。

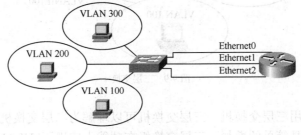

图 9-7　普通路由

　　但是，随着每个交换机上 VLAN 数量的增加，这样做必然需要大量的路由器端口。出于成本的考虑，一般不可能用这种方案来解决 VLAN 间路由选路问题。此外，某些 VLAN 之间可能不需要经常进行通信，这样导致路由器的端口没被充分利用。

2. 单臂路由

　　为了解决物理端口需求过大的问题，在 VLAN 技术的发展中，出现了一种名为单臂路由的技术，用于实现 VLAN 间的通信。它只需要一个以太网端口，通过创建子端口可以承担所有 VLAN 的网关，从而在不同的 VLAN 间转发数据。

　　在图 9-8 中，路由器仅仅提供一个支持 802.1q 封装的以太网端口，在该端口下提供 3 个子端口分别作为 3 个 VLAN 用户的默认网关，路由器的以太口子端口设置封装类型为 dot1q。当 VLAN 100 的用户需要与其他 VLAN 的用户进行通信时，该用户只需将数据包发送给默认网关，默认网关修改数据帧的 VLAN 标签后再发送至目的主机所在 VLAN，从而完成了 VLAN 间的通信。

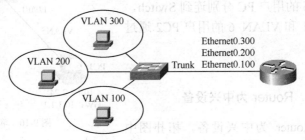

图 9-8　单臂路由

　　但是使用单臂路由时，一旦 VLAN 间的数据流量过大，路由器与交换机之间的链路将成为网络的瓶颈。

3. 三层交换

　　在实际网络搭建中，三层交换技术成为解决 VLAN 间通信的首选方式，如图 9-9 所示。

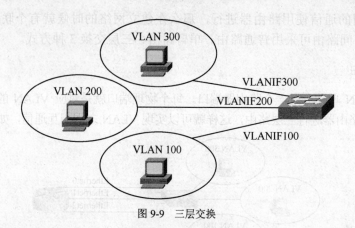

图 9-9 三层交换

三层交换需要使用三层交换机。三层交换机可以理解为二层交换机和路由器在功能上的集成，当然，绝对不是简单的叠加。三层交换机在功能上实现了 VLAN 的划分、VLAN 内部的二层交换和 VLAN 间路由的功能。

三层交换机基本工作原理为：三层交换机通过路由表传输第一个数据流后，会产生一个 MAC 地址与 IP 地址的映射表。当同样的数据流再次通过时，将根据此表直接从二层通过，从而消除了路由器进行路由选择而造成的网络延迟，提高了数据包转发效率。为了保证第一次数据流通过路由表正常转发，路由表中必须有正确的路由表项。因此必须在三层交换机上部署三层端口及路由协议，实现三层路由可达，逻辑端口 VLANIF 端口由此而产生。

9.6.2 单臂路由配置实例

目标：

利用单臂路由实现不同 VLAN 间的通信。

拓扑图：

本实例的网络拓扑如图 9-10 所示。

Switch 和 Router 通过一条双绞线连接，VLAN 5 和 VLAN 6 的用户 PC 分别连到 Switch，VLAN 5 的用户 PC1 和 VLAN 6 的用户 PC2 通过 Router 互通。

配置步骤：

1. 如果 Switch、Router 为中兴设备

如果 Switch、Router 为中兴设备，拓扑图中

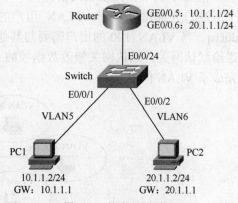

图 9-10 单臂路由拓扑图

Swtich 的端口 Ethernet 0/0/1 使用 fei_1/1，Swtich 的 Ethernet 0/0/2 端口使用 fei_1/2，Swtich 的 Ethernet 0/0/24 端口使用 fei_1/24，Router 的端口 GE0/0 使用 fei_ 0/1，配置步骤如下。

（1）创建 VLAN，配置 Access 端口

```
Switch(config)#vlan 5
Switch(config-vlan)#exit
Switch(config)#vlan 6
```

```
Switch(config-vlan)#exit
Switch(config)#interface fei_1/1
Switch(config-if)# switchport aceess vlan 5
Switch(config-if)#exit
Switch(config)#interface fei_1/2
Switch(config-if)# switchport aceess vlan 6
Switch(config-if)#exit
```

（2）配置 Trunk 端口

```
Switch(config)#interface fei_1/24
Switch(config-if)# switchport mode trunk
Switch(config-if)# switchport trunk vlan 5
Switch(config-if)# switchport trunk vlan 6
Switch(config-if)#exit
```

（3）配置路由器子端口

```
Router(config)#interface fei_0/1.1                      //创建子接口
Router(config-subif)#encapsulation dot1q 5             //封装 VLAN ID
Router(config-subif)#ip address 10.1.1.1 255.255.255.0 //在子接口上配置IP
Router(config)#interface fei_0/1.2
Router(config-subif)#encapsulation dot1q 6
Router(config-subif)#ip address20.1.1.1 255.255.255.0
```

2．如果 Switch、Router 为华为设备

（1）创建 VLAN，配置 Access 端口

```
[Switch]vlan batch 5 6
[Switch]interface Ethernet 0/0/1
[Switch-Ethernet0/0/1]port link-type access
[Switch-Ethernet0/0/1]port default vlan 5
[Switch-Ethernet0/0/1]quit
[Switch]interface Ethernet 0/0/2
[Switch-Ethernet0/0/2]port link-type access
[Switch-Ethernet0/0/2]port default vlan 6
```

（2）配置 Trunk 端口

```
[Switch]interface Ethernet 0/0/24
[Switch-Ethernet0/0/24]port link-type trunk
[Switch-Ethernet0/0/24]port trunk allow-pass vlan 5 6
```

（3）配置路由器子端口

```
[Router]interface GigabitEthernet 0/0.5
[Router-GigabitEthernet0/0.5] VLAN-type dot1q vid 5
[Router-GigabitEthernet0/0.5] ip address 10.1.1.1 24
[Router-GigabitEthernet0/0.5]quit
```

```
[Router]interface GigabitEthernet 0/0.6
[Router-GigabitEthernet0/0.6] vlan-type dot1q vid 6
[Router-GigabitEthernet0/0.6]ip address 20.1.1.1 24
```

测试：

1. 查看 IP 路由表

可以看到子端口所产生的直连表项已经加入到路由表中。

2. 连通性检查

使用 Ping 命令检查 PC1 和 PC2 间的连通性。可以看到属于 VLAN 5 的 PC1 和属于 VLAN 6 的 PC2 可以互访。

9.6.3 三层交换配置实例

目标：
利用三层交换实现不同 VLAN 间的通信。
拓扑图：
本实例的网络拓扑如图 9-11 所示。
配置步骤：

1. 如果 Switch 为中兴设备

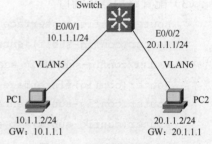

图 9-11　三层交换网络拓扑图

拓扑图中 Swtich 的端口 Ethernet 0/0/1 使用 fei_1/1，Swtich 的 Ethernet 0/0/2 端口使用 fei_1/2，配置步骤如下。

（1）创建 VLAN 并划分端口

```
ZXR10(config)#vlan 5
ZXR10(config-vlan)#ex
ZXR10(config)#vlan 6
ZXR10(config-vlan)#exit
ZXR10(config)#interface fei _1/1
ZXR10(config-if)# switchport aceess vlan 5
ZXR10(config-if)#exit
ZXR10(config)#interface fei _1/2
ZXR10(config-if)# switchport aceess vlan 6
ZXR10(config-if)#exit
```

（2）配置三层端口

```
ZXR10(config)#interface vlan 5
ZXR10(config-if)#ip address  10.1.1.1  255.255.255.0      //在 VLAN 接口上
配置 IP 地址
ZXR10(config-if)#exit
ZXR10(config)#interface vlan 6
ZXR10(config-if)#ip address 20.1.1.1  255.255.255.0
```

```
ZXR10(config-if)#exit
```

2.　如果 Switch 为华为设备

（1）创建 VLAN 并划分端口

```
[Switch] vlan batch 5 6
[Switch]interface Ethernet 0/0/1
[Switch-Ethernet0/0/1]port link-type access
[Switch-Ethernet0/0/1]port default vlan 5
[Switch]interface Ethernet 0/0/2
[Switch-Ethernet0/0/1]port link-type access
[Switch-Ethernet0/0/1]port default vlan 6
```

（2）配置三层端口

```
[Switch]interface vlanif 5
[Switch-vlan-interface4]ip address 10.1.1.1 24
[Switch]interface vlanif 6
[Switch-vlan-interface5]ip address 20.1.1.1 24
```

测试：

1.　查看 IP 路由表

可以看到 VLAN 路由已经添加到路由表中。

2.　连通性检查

使用 Ping 命令检查 PC1 与 PC2 间的连通性。

可以 Ping 通，代表 VLAN 5 和 VLAN 6 的主机通过 VLAN 路由互访。

9.7　动态路由协议基础

9.7.1　概述

路由表可以是由系统管理员固定设置好的静态路由表，也可以是配置动态路由协议根据网络系统的运行情况而自动调整的路由表。根据所配置的路由协议提供的功能，动态路由可以自动学习和记忆网络运行情况，在需要时自动计算数据传输的最佳路径。它适用于大规模复杂的网络环境。

常见的路由协议包括以下几种。

（1）RIP：Routing Information Protocol，路由信息协议。

（2）OSPF：Open Shortest Path First，开放式最短路径优先。

（3）ISIS：Intermediate System to Intermediate System，中间系统到中间系统。

（4）BGP：Border Gateway Protocol，边界网关协议。

所有的动态路由协议在 TCP/IP 协议族中都属于应用层的协议，但是不同的路由协议使用的底层协议不同，如图 9-12 所示。

　　OSPF 工作在网络层，将协议报文直接封装在 IP 报文中，协议号为 89，由于 IP 本身是不可靠传输协议，所以 OSPF 传输的可靠性需要协议本身来保证。

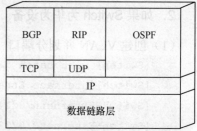

图 9-12　动态路由协议在协议栈中的位置

　　BGP 工作在应用层，使用 TCP 作为传输协议，提高了协议的可靠性，TCP 的端口号是 179。

　　RIP 工作在应用层，使用 UDP 作为传输协议，端口号为 520。

　　动态路由协议配置后，通过交换路由信息，生成并维护转发路由表。当网络拓扑改变时动态路由协议可以自动更新路由表，并负责决定数据传输最佳路径。

　　动态路由协议的优点是可以自动适应网络状态的变化，自动维护路由信息而不需要网络管理员的参与。其缺点为由于需要相互交换路由信息，因而占用网络带宽与系统资源。另外安全性也不如静态路由。

　　在有冗余连接的复杂大型网络环境中，适合采用动态路由协议。

9.7.2　动态路由协议的分类

　　动态路由协议有几种划分方法，按照工作区域，可以分为 IGP 和 EGP。

　　IGP（Interior Gateway Protocol）为内部网关协议。在同一个自治系统内交换路由信息，RIP 和 ISIS 都属于 IGP。IGP 的主要目的是发现和计算自治域内的路由信息。

　　EGP（Exterior Gateway Protocol）为外部网关协议。用于连接不同的自治系统，在不同的自治系统之间交换路由信息，主要使用路由策略和路由过滤等控制路由信息在自治域间的传播，应用的一个实例是 BGP。

　　一个自治系统（AS）是一组共享相似的路由策略并在单一管理域中运行的路由器的集合。一个 AS 可以是一些运行单个 IGP 的路由器集合，也可以是一些运行不同路由协议但都属于同一个组织机构的路由器集合。不管是哪种情况，外部世界都将整个 AS 看做是一个实体。

　　每个自治系统都有一个唯一的自治系统编号，这个编号是由因特网授权的管理机构 IANA 分配的。自治系统的编号范围是 1～65535，其中 1～65411 是注册的因特网编号，65412～65535 是专用网络编号。通过不同的编号来区分不同的自治系统。这样，当网络管理员不希望自己的通信数据通过某个自治系统时，这种编号方式就十分有用了。例如，该网络管理员的网络可以访问某个自治系统，但由于它可能是由竞争对手在管理，或是缺乏足够的安全机制，因此，可能要回避它。通过采用路由协议和自治系统编号，路由器就可以确定彼此间的路径和路由信息的交换方法。

　　按照路由的寻径算法和交换路由信息的方式，路由协议可以分为距离矢量协议（Distant Vector）和链路状态协议（Link State）。距离矢量协议包括 RIP 和 BGP，链路状态协议包括 OSPF、ISIS。

　　距离矢量路由协议基于贝尔曼－福特算法（简称 DV 算法），使用该算法的路由器通常

以一定的时间间隔向相邻的路由器发送他们完整的路由表。接收到路由表的邻居路由器将收到的路由表和自己的路由表进行比较，新的路由或到已知网络但开销更小的路由都被加入到路由表中。相邻路由器然后再继续向外广播它自己的路由表（包括更新后的路由）。距离矢量路由器关心的是到目的网段的距离（Metric）和矢量（方向，从哪个端口转发数据）。

距离矢量路由协议的优点是配置简单，占用较少的内存和 CPU 处理时间。其缺点是扩展性较差，比如 RIP 最大跳数不能超过 16 跳。

链路状态路由协议基于 Dijkstra 算法（简称 LS 算法），有时被称为为最短路径优先（Shortest Path First，SPF）算法。LS 算法提供比 DV 算法更大的扩展性和快速收敛性，但是它的算法耗费更多的路由器内存和处理能力。LS 算法关心网络中链路或端口的状态（Up、Down、IP 地址、掩码），每个路由器将自己已知的链路状态向该区域的其他路由器通告，这些通告称为链路状态通告（Link State Advitisement，LSA）。通过这种方式区域内的每台路由器都建立了一个本区域的完整的链路状态数据库。然后路由器根据收集到的链路状态信息来创建它自己的网络拓扑图，形成一个到各个目的网段的带权有向图。

9.7.3　动态路由协议的性能指标

一个好的动态路由协议要求具备以下几点。

（1）正确性。路由协议能够正确找到最优的路由，并且是无路由自环。

（2）快收敛。当网络的拓扑发生变化时，路由协议能够迅速更新路由，以适应新的网络拓扑。

（3）低开销。要求路由器运行路由协议时，需要消耗的系统资源（如内存、CPU）要最小。

（4）安全性。协议自身不易受攻击，有安全机制。

（5）普适性。能适应各种网络拓扑和各种规模的网络，扩展性好。

 习题

1．什么是路由？路由器具有哪些功能？

2．路由表包含哪些关键项？

3．路由有哪些分类？

4．简述各类路由的特点。

5．路由的优先级与度量值有什么作用？

6．什么是最长匹配原则？

7．VLAN 间通信有哪些方法？

8．单臂路由是如何实现 VLAN 间通信的？

9．动态路由协议是怎样分类的？

10．动态路由协议的性能指标有哪些？

【学习目标】
理解 RIP 的实现过程（重点）
了解 RIP 的度量值 METRIC
掌握 RIP 路由器路由表的建立、更新与收敛（难点）
掌握 RIP 配置（重点）
关键词：RIP；RIP 的配置

10.1 RIP 概述

RIP 是（Routing Information Protocol 路由信息协议）是一种较为简单的内部网关协议，主要应用于规模较小的网络中，如校园网以及结构较简单的地区性网络。对于更为复杂的环境和大型网络，一般不使用 RIP。

RIP 是一种基于距离矢量算法的协议，它通过 UDP 报文进行路由信息的交换，使用的端口号为 520。

RIP 使用跳数来衡量到达目的地址的距离，换句话说，RIP 采用跳数作为度量值。在 RIP 中，默认情况下，设备到与它直接相连网络的跳数为 0，通过一个设备可达的网络跳数为 1，其余依此类推。也就是说，度量值等于从本网络到达目的网络间的设备数量。为限制收敛时间，RIP 规定度量值取 0～15 之间的整数，大于或等于 16 的跳数被定义为无穷大，即目的网络或主机不可达。由于这个限制，使得 RIP 不可能在大型网络中得到应用。

RIP 包括两个版本，RIPv1 与 RIPv2，两者原理相同，RIPv2 是对 RIPv1 的增强。RIPv1 是有类别路由协议，协议报文中不携带掩码信息，不支持 VLSM，不支持手工汇总，只支持以广播方式发布协议报文。RIPv2 支持 VLSM，协议报文中携带掩码信息，支持明文认证和 MD5 密文认证，支持手工汇总，支持以广播或者组播的形式发送报文。

10.2 RIP 工作过程

1. RIP 路由器路由表的建立

RIP 启动时的初始路由表仅包含本路由器的一些直连端口路由，RIP 启动后的工作过程包括如下几个步骤。

（1）RIP 协议启动后向各端口广播一个 Request 报文。

（2）邻居路由器的 RIP 从某端口收到 Request 报文后，根据自己的路由表，形成 Response 报文向该端口对应的网络广播。

（3）IP 接收邻居路由器回复的包含邻居路由器路由表的 Response 报文，形成路由表，RIP 以 30s 为周期用 Response 报文广播自己的路由表。

收到邻居发送而来的 Response 报文后，RIP 计算报文中的路由项的度量值，比较其与本地路由表路由项度量值的差别，更新自己的路由表。报文中路由项度量值的计算：$metric = \text{MIN}（metric+cost，16）$，$metric$ 为报文中携带的度量值信息，$cost$ 为接收报文的网络的开销，默认为 1，16 代表不可达。

RIP 根据 DV 算法的特点，将协议的参加者分为主动机和被动机两种。主动机主动向外广播路由刷新报文，被动机被动地接收路由刷新报文。一般情况下，主机作为被动机，路由器则既是主动机又是被动机，即在向外广播路由刷新报文的同时，接收来自其他主动机的 DV 报文，并进行路由刷新。

2．RIP 路由器路由表的更新

（1）当本路由器从邻居路由器收到路由更新报文时，根据以下原则更新本路由器的 RIP 路由表。

① 对本路由表中已有的路由项，当该路由项的下一跳是邻居路由器时，不论度量值增大或是减少，都更新该路由项（度量值相同时只将其老化定时器清零）；当该路由项的下一跳不是邻居路由器时，只在度量值减少时，更新该路由项。

② 对本路由表中不存在的路由项，在度量值小于不可达（16）时，在路由表中增加该路由项。

（2）路由表中的每一路由项都对应一老化定时器，当路由项在 180s 内没有任何更新时，定时器超时，该路由项的度量值变为不可达（16）。

（3）某路由项的度量值变为不可达后，以该度量值在 Response 报文中发布 4 次（120s），之后从路由表中清除。

10.3 RIP 配置实例

目标：
通过 RIP 路由的配置实现网络的互通。

拓扑图：
本实例的网络拓扑如图 10-1 所示。

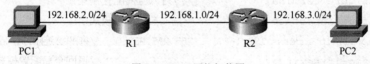

图 10-1 RIP 网络拓扑图

配置步骤：

1．如果 R1、R2 为华为设备

（1）按拓扑图配置端口 IP 地址

```
[R1]interface Ethernet 0/0
[R1-Ethernet0/0] ip address 192.168.2.1 24
[R1-Ethernet0/0]quit
[R1]interface Ethernet 0/1
[R1-Ethernet0/1] ip address 192.168.1.1 24
[R1-Ethernet0/1]quit
[R2]interface Ethernet 0/0
[R2-Ethernet0/0] ip address 192.168.3.1 24
[R2-Ethernet0/0]quit
[R2]interface Ethernet 0/1
[R2-Ethernet0/1] ip address 192.168.1.2 24
[R2-Ethernet0/1]quit
```

（2）启动 RIP 并在指定网段使能 RIP

```
[R1]rip
[R1-rip-1]network 192.168.1.0    //这个网段包含了 HQ-R 上所有的端口
[R1-rip-1]network 192.168.2.0
[R2]rip
[R2-rip-1]network 192.168.1.0
[R2-rip-1]network 192.168.3.0
```

（3）在各端口使能 RIPv2

```
[R1]interface  Ethernet0/0
[R1-Ethernet0/0]rip version 2
[R1]interface Ethernet0/1
[R1-Ethernet0/1]rip version 2
[R2]interface  Ethernet0/0
 [R2-Ethernet0/0]rip version 2
[R2]interface Ethernet0/1
[R2-Ethernet0/1]rip version 2
```

2. 如果 R1、R2 为中兴设备

（1）按拓扑图配置端口 IP 地址

```
R1#configure terminal              //进入全局配置模式
R1(config)#interface fei_1/1    //进入端口配置模式
R1(config-if)#ip adderss 192.168.1.1 255.255.255.0   //将和 R2 连接的端口配上 IP 地址
R1(config-if)#exit                         //退回全局配置模式
R1(config)#interface fei_1/2            //进入端口配置模式
R1(config-if)#ip adderss 192.168.2.1 255.255.255.0 //将和 PC1 连接的端口配上 IP 地址
R1(config-if)#exit                     //退回全局配置模式
```

R2 与 R1 配置类似。

（2）启动 RIP 并在指定网段使能 RIP

```
R1(config)#router rip                          //进入 RIP 路由配置模式
R1(config-router)#network 192.168.1.0 0.0.0.255   //将和R2连接的端口加入RIP中
R1(config-router)#network 192.168.2.0 0.0.0.255   //将和PC1连接的端口加入RIP中
```

R2 与 R1 配置类似。

测试：

1. 查看 IP 路由表

查看路由表，可发现相应路由。

2. 用 Ping 命令检查连通性

可以 Ping 通，当然也能 Ping 通其他网段，说明全网连通性正常。

习题

1. RIP 是如何定义的？RIP 有哪些特点？
2. RIPv1 和 RIPv2 有哪些不同？
3. RIP 路由器路由表是怎样建立的？
4. RIP 路由器路由表的更新原则有哪些？
5. RIP 对长期未更新路由是如何处理的？
6. 简述 RIP 的配置流程。

第 11 章

OSPF 协议

【学习目标】

理解 OSPF 概念与特点（重点）

掌握 OSPF 协议运行过程（重点、难点）

了解 OSPF 区域划分

掌握 OSPF 协议数据配置（重点）

关键词：OSPF；DR；BDR；区域

11.1 OSPF 概述

开放式最短路径优先协议（Open Shortest Path First，OSPF）是当今最流行、使用最广泛的路由协议之一。OSPF 是一种链路状态协议，它克服了 RIP 路由信息协议和其他距离向量协议的缺点。OSPF 还是一个开放的标准，来自多个厂家的设备可以实现协议互连。

OSPF 发展主要经过了 3 个版本：OSPFv1 在 RFC1131 中定义，该版本只处于试验阶段并未公布；现今在 IPv4 网络中主要应用 OSPFv2，它最早在 RFC1247 中定义，之后在 RFC2328 中得到完善和补充；面对 IPv4 地址耗尽问题，对现有版本改进为 OSPFv3，从而能很好地支持 IPv6。在本书中 OSPF 默认为版本 2。

OSPF 直接运行于 IP 之上，使用 IP 号为 89。

OSPF 具有以下特点。

（1）支持无类域间路由 CIDR 和可变长度子网掩码 VLSM。OSPF 在通告路由信息时在其协议报文中携带子网掩码，使其能很好支持 VLSM 和 CIDR。

（2）无路由自环。在该协议中采用 SPF（最短路径优先）算法，形成一颗最短路径树，从根本上避免了路由环路的产生。

（3）支持区域分割。为了防止区域边界范围过大，OSPF 允许自治系统内的网络被划分成区域来管理。通过划分区域实现更加灵活的分级管理。

（4）路由收敛变化速度快。OSPF 作为链路状态路由协议，其更新方式采用触发式增量更新，即网络发生变化时候会立刻发送通告出去，而不像 RIP 那样要等到更新周期的到来才会通告，同时其更新也只发送改变部分，只在很长时间段内才会周期性更新，默认为 30min 一次，因此它的收敛速度要比 RIP 快很多。

（5）使用多播和单播收发协议报文。为了防止协议报文过多占用网络流量，OSPF 不再采用广播的更新方式，而是使用多播和单播方式，大大减少了协议报文发送数目。

（6）支持等价负载分担。OSPF 只支持等价负载分担，即只支持从源到目标开销值完全相同的多条路径的负载分担。默认为 4 条，最大为 8 条。它不支持非等价负载分担。

（7）支持协议报文的认证。为了防止非法设备连接到合法设备从而获取全网路由信息，只有通过验证才可以形成邻接关系。

11.2 OSPF 协议工作过程

OSPF 工作原理可分为邻居发现、邻接关系建立、链路状态数据库 LSDB 同步、路由计算 4 个阶段。

1. 邻居发现阶段

在 OSPF 配置初始，每一台路由器都会向其物理直连邻居发送用于发现邻居的 Hello 报文，在 Hello 报文中包含如下信息：

始发路由器的路由器 ID（Router ID）；

始发路由器端口的区域 ID（Area ID）；

始发路由器端口的地址掩码；

始发路由器端口的认证类型和认证信息；

始发路由器端口的 Hello 时间间隔；

始发路由器端口的路由器无效时间间隔；

路由器的优先级；

指定路由器（DR）和备份指定路由器（BDR）；

标志可选性能的 5 个标记位；

始发路由器的所有有效邻居的路由器 ID。

路由器 ID 即 Router ID，它是唯一标志运行 OSPF 协议的一台路由器，经常设置为掩码为 32 位的 IP 主机地址，路由器 ID 产生方式有两种。

（1）通过命令 router id ip-address 手工设置。由于环回口地址的稳定性，一般指定逻辑的环回口地址。

（2）自动产生。如果没有手工指定，路由器会选择环回口 IP 地址作为自己的 Router ID；如果有多个环回口，则比较 IP 地址大的作为 Router ID；如果没有创建环回口，则选用物理端口 IP 地址作为自己的 Router ID，如果有多个物理端口 IP 地址，则同样选择 IP 地址最大的作为 Router ID。

当一台路由器从它的邻居路由器收到一个 Hello 数据包时，它将检验该 Hello 数据包携带的区域 ID、认证信息、网络掩码、Hello 间隔时间、路由器无效时间间隔以及可选项的数值是否和接收端口上配置的对应值相一致。如果它们不一致，那么该数据包将被丢弃，而且邻接关系也无法建立。如果所有的参数都一致，那么这个 Hello 数据包就被认为是有效的。如果始发路由器的路由器 ID 已经在接收该 Hello 数据包的端口的邻居表中列出，那么路由器无效时间间隔计时器将被重置。如果始发路由器的路由器 ID 没有在邻居表中列出，那么就把这个路由器 ID 加入到它的邻居表中。

2. 邻接关系建立阶段

如果一台路由器收到了一个有效的 Hello 数据包，并在这个 Hello 数据包中发现了自己的路由器ID，那么这台路由器就认为是双向通信建立成功了。

但是在多路访问网络当中并不是所有物理直连邻居都会形成邻接关系，在这里涉及指定路由器（Designated Router，DR）和备份指定路由器（Backup Designated Router，BDR）的选举。

假如在OSPF邻接关系建立过程中，满足条件的直连邻居均可建立邻接关系，如图11-1所示。RTA直连的邻居有3个，也就是说根据前述条件，此时会有3个邻接关系建立，如果每个路由器两两都建立邻接关系的话，那么将会有 $N（N-1）/2$ 个邻接关系建立。如此多的邻接关系，会对网络的收敛速度产生很大影响。

为了减少邻接关系的数量，从而减少链路状态信息以及路由信息的交换次数，节省带宽，降低对路由器处理能力的压力，故在广播型网络和NBMA网络中通过选举产生一个DR和一个BDR。一个既不是DR也不是BDR的路由器则被称之为DRother。在邻接关系建立过程当中，DRother只与DR和BDR形成邻接关系并交换链路状态信息以及路由信息，这样大大减少了大型广播型网络和NBMA网络中的邻接关系数量，从而提高路由的收敛速度。如图11-2所示，虽然RTA有3个邻居，但是只与DR和BDR形成两个邻接关系，与另一个路由器只有邻居关系并没有邻接关系，因而不交互路由信息。

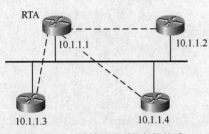

图11-1 不存在DR时的邻接关系

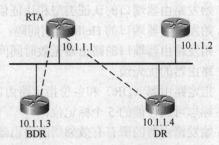

图11-2 存在DR时的邻接关系

DR和BDR选举时，首先比较路由器优先级，优先级最高的路由器成为DR，次之的成为BDR。路由优先级数值范围为0~255，其中默认值为1，0则表示不参与DR和BDR选举。如果路由优先级相同，则比较Router ID，数值大的成为DR，次之的成为BDR。

3. 链路状态数据库LSDB同步阶段

在建立邻接关系以后，路由器通过发布LSA来交互链路状态信息，获得对方LSA，同步OSPF区域内的LSDB。在OSPF中链路状态信息的通告采用增量的触发式更新，它每隔30min周期性通告一次LSA摘要信息。LSA死亡时间是60min。

4. 路由计算阶段

首先计算路由器之间每段链路开销，即cost值，计算公式：10^8/端口带宽。如图11-3所示，假如每段链路带宽都是100Mbit/s，那么4台设备之间每条链路开销就是 $10^8/100×10^6=1$，计算出的cost值1没有单位，只是一个数值，用来做大小的比较。

然后利用SPF算法以自身为根节点计算出一颗最短路径树。在此树上，由根到各个节点累计开销最小的就是去往各个节点的路由。

在图 11-4 中，路由器 D 到路由器 C、A、B 的最短路径树如图 11-4 所示。

图 11-3　SPF 算法物理拓扑　　　　　图 11-4　最短路径树

最后计算完成之后，将开销最低的路径写入路由表当中。如果到达同一目的节点开销数值相同的路径，则会负载均衡，也就是在路由表中会有多个下一跳。

11.3　OSPF 协议报文

在 OSPF 工作过程当中，通过交互以下 5 种报文，保证 OSPF 协议正常运作。

1. Hello 报文

在刚配置了 OSPF 的时候，每台设备都会向它的物理直连设备以组播的形式周期性的发送 Hello 报文，并发送到特定的组播地址 224.0.0.5。针对不同的网络类型其 hello time interval 也不同。其作用主要包括发现邻居，建立邻居关系，维护邻居关系，选择 DR 和 BDR，确保双向通信。

2. DD 报文

DD 报文即数据库描述报文（Database Description），两台路由器进行 LSDB 数据库同步时，用 DD 报文来描述自己的 LSDB。它只包含自身 LSA 的摘要信息，即每一条 LSA 的头部 Header（LSA Header 可以唯一标志一条 LSA）。LSA Header 只占一条 LSA 的整个数据量的一小部分，这样可以减少路由器之间的协议报文流量，对端路由器根据 LSA Header 就可以判断出是否已有这条 LSA。

3. LSR 报文

LSR 报文即链路状态请求报文（Link States Request）。当两台路由器彼此收到对方 DD 报文之后，和自身 LSDB 作比较，如果自身缺少某些 LSA，则发送 LSR，该报文也只包含 LSA 摘要信息。

4. LSU 报文

LSU 即链路状态更新报文（Link States Update），接收到 LSR 报文的路由器，将对端缺少的 LSA 完整信息包含在 LSU 报文中发送给对端，一个 LSU 报文可以携带多条 LSA。LSU 报文携带完整的路由信息。

5. LSAck 报文

LSAck 报文即链路状态确认报文（Link State Acknowledgment），它用来对可靠报文进行确认。

11.4　OSPF 网络类型

OSPF 网络类型是指运行 OSPF 协议的网段的二层链路类型。并非所有的邻居关系都可以形成邻接关系而交换链路状态信息以及路由信息，这与网络类型有关系。

运行 OSPF 协议的网络有以下 5 种网络类型。

1. 点对点网络

点对点网络（Point to Point）如图 11-5 所示。它是把采用点对点协议的两台路由器直接相连的网络，点对点协议包括 PPP、HDLC、LAPB 等，在华为设备中默认协议为 PPP。在该类型的网络中，以多播形式（224.0.0.5）发送协议报文（Hello 报文、DD 报文、LSR 报文、LSU 报文、LSAck 报文）。

2. 广播网络

广播网络（Broadcast）又称为多路访问网络，如图 11-6 所示。它的数据链路层协议是 Ethernet。OSPF 默认网络类型是 Broadcast。在该类型网络下，路由器有选择的建立邻接关系。通常 Hello 报文、LSU 报文和 LSAck 报文以多播形式发送。其中，224.0.0.5 的多播地址为 OSPF 路由器的预留 IP 多播地址；224.0.0.6 的多播地址为 OSPF DR 的预留 IP 多播地址。DD 报文和 LSR 报文以单播形式发送。

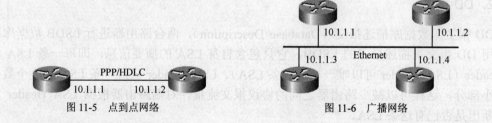

图 11-5　点到点网络　　　　　　　　　　图 11-6　广播网络

3. 非广播多路访问网络

非广播多路访问网络（Non-broadcast Multi-access，NBMA）如图 11-7 所示。在帧中继协议或者 ATM 网络中运行 OSPF 协议默认网络类型为 NBMA，即默认情况下不会发送任何广播、多播、单播报文，因此在该网络类型中，OPSF 不能自动发现对端，需要手工指定邻居，以单播形式发送协议报文（Hello 报文、DD 报文、LSR 报文、LSU 报文、LSAck 报文）。该组网方式要求网络中所有路由器构成全连接。

4. 点对多点网络

点对多点网络（Point to Multipoint）如图 11-8 所示。对于在 NBMA 网络中不能组成全连接时需要使用点对多点网络，将整个非广播网络看成是一组点对点网络。每个路由器的邻居可以使用底层协议，如反向地址解析协议来发现。值得注意的是 P2MP 并不是一种默认的网络类型，一般由其他的网络类型经过手工修改之后形成。在该类型的网络中，以多播形式（224.0.0.5）发送 Hello 报文；以单播形式发送其他协议报文（DD 报文、LSR 报文、LSU 报文、LSAck 报文）。

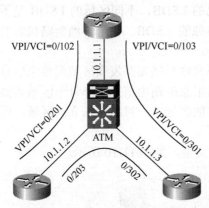

图 11-7　非广播多路访问网络

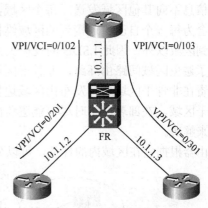

图 11-8　点对多点网络

5. 虚链路

虚链路（Virtual Links）同样并不作为一种默认的网络类型，它的提出是为解决某些特定的问题。如在图 11-9 所示的组网方式中，Area 2 通过 Area 1 连接到 Area 0，在 OSPF 域间路由信息通告原则中非骨干区域之间不能直接通告路由信息，必须经过骨干区。Area 2 不能经过 Area 1 直接通告信息给 Area 0。在这种情况下，需要在连接 Area 0 和 Area 2 的 RTA 和 RTB 之间建立一条逻辑连接，将 Area 2 逻辑连接到 Area 0，此虚拟的逻辑连接称为虚电路。

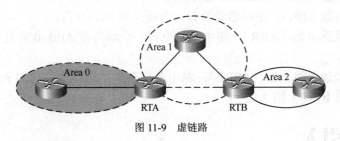

图 11-9　虚链路

11.5　OSPF 区域

随着网络规模日益扩大，网络中路由器的数量逐渐增多。当一个大型网络中的路由器都运行 OSPF 路由协议时，LSDB 将非常庞大，占用大量的存储空间，运行 SPF 算法的复杂度增加，CPU 负担很重。

同时，在网络规模增大之后，拓扑发生变化的概率也增大，网络会经常处于"动荡"之中，造成网络中会有大量的 OSPF 协议报文在传递，降低了网络的带宽利用率。更为严重的是，每一次变化都会导致网络中所有的路由器重新进行路由计算。

OSPF 协议通过将自治系统划分成不同的区域（Area）来解决上述问题。区域是从逻辑上将路由器划分为不同的组，每个组用区域号（Area ID）来标志，一个 OSPF 网络必须有一个骨干区域，骨干区域用 Area 0 表示。

区域间传递的是抽象的路由信息，而不是详细的描述拓扑的链路状态信息。区域内的详细拓扑信息不向其他区域发送。每个区域都有自己的 LSDB，不同区域的 LSDB 是不同的。路由器会为每一个自己所连接到的区域维护一个单独的 LSDB。由于详细链路状态信息不会被发布到区域以外，因此 LSDB 的规模大大缩小了。

为了避免区域间路由环路，非骨干区域之间不允许直接相互发布区域间路由信息。骨干区域负责在非骨干区域之间发布由区域边界路由器汇总的路由信息。非骨干区域需要直接连接到骨干区域。在部署网络时尽可能避免出现孤立的区域，一旦出现孤立的区域，可以通过虚电路来解决。

路由器根据它在区域内的任务，可以分成多种类型，如图 11-10 所示。

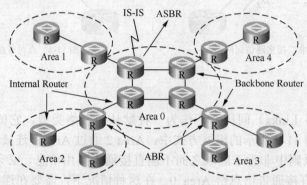

图 11-10　区域划分示意图

（1）内部路由器（IR）：路由器的端口在同一个区域内。

（2）骨干路由器（BR）：路由器至少有一个端口在 Area 0 内。

（3）区域边缘路由器（ABR）：路由器至少有一个端口在 Area 0 并且至少有一个端口在其他区域。

（4）自治系统边界路由器（ASBR）：路由器连接一个运行 OSPF 的 AS 到另一个运行其他协议（如 RIP 或 IGRP）的 AS。

11.6　路由引入

不同的路由协议之间是不能直接相互学习路由信息的，某些情况下，需要在不同的路由协议中共享路由信息，如从 RIP 学到的路由信息可能需要引入到 OSPF 协议中去。这种在不同路由协议之间交换路由信息的过程称为路由引入。不同路由协议之间的花销不存在可比性，也不存在换算关系，所以在引入路由时必须重新设置引入路由的 Metric 值，或者使用系统默认的数值。

下面来看一个例子，路由引入连接如图 11-11 所示，F1-R 和 Z-R 之间建立 OSPF 邻接关系，而 Z-R 和 F2-R 运行 RIP，通过命令 display ip routing-table 查看 F1-R 路由表，可以看出在 F1-R 上看不到 F2-R 的任何路由信息。

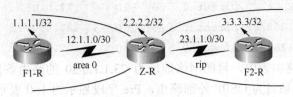

图 11-11　路由引入连接图

```
[F1-R]display ip routing-table
Route Flags: R - relay, D - download to fib
Routing Tables: Public
Destinations : 11  Routes : 11
Destination/Mask    Proto    Pre  Cost  Flags  NextHop       Interface
1.1.1.1/32          Direct   0    0     D      127.0.0.1     InLoopBack0
2.2.2.2/32          OSPF     10   1562  D      12.1.1.2      Serial1/0/0
12.1.1.0/30         Direct   0    0     D      12.1.1.1      Serial1/0/0
12.1.1.1/32         Direct   0    0     D      127.0.0.1     InLoopBack0
12.1.1.2/32         Direct   0    0     D      12.1.1.2      Serial1/0/0
12.1.1.3/32         Direct   0    0     D      127.0.0.1     InLoopBack0
127.0.0.0/8         Direct   0    0     D      127.0.0.1     InLoopBack0
127.0.0.1/32        Direct   0    0     D      27.0.0.1      InLoopBack0
127.255.255.255/32  Direct   0    0     D      127.0.0.1     InLoopBack0
255.255.255.255/32  Direct   0    0     D      127.0.0.1     InLoopBack0
```

此时，在 F1-R 上要想学习到 F2-R 的路由信息，必须要经过路由引入，也就是说在 ASBR 上将 RIP 路由信息引入到 OSPF 当中。使用命令如下：

```
[Z-R-ospf-1]import-route rip
```

之后再次查看 F1-R 路由表，显示信息如下：

```
[F1-R]display ip routing-table
Route Flags: R - relay, D - download to fib
Routing Tables: Public
Destinations : 12  Routes : 12
Destination/Mask    Proto    Pre  Cost  Flags  NextHop       interface
1.1.1.1/32          Direct   0    0     D      127.0.0.1     InLoopBack0
2.2.2.2/32          OSPF     10   1562  D      12.1.1.2      Serial1/0/0
3.3.3.3/32          O_ASE    150  1     D      12.1.1.2      Serial1/0/0
12.1.1.0/30         Direct   0    0     D      12.1.1.1      Serial1/0/0
12.1.1.1/32         Direct   0    0     D      127.0.0.1     InLoopBack0
12.1.1.2/32         Direct   0    0     D      12.1.1.2      Serial1/0/0
12.1.1.3/32         Direct   0    0     D      127.0.0.1     InLoopBack0
23.1.1.0/30         O_ASE    150  1     D      12.1.1.2      Serial1/0/0
```

```
127.0.0.0/8       Direct 0   0    D    127.0.0.1   InLoopBack0
127.0.0.1/32      Direct 0   0    D    127.0.0.1   InLoopBack0
127.255.255.255/32 Direct 0  0    D    127.0.0.1   InLoopBack0
255.255.255.255/32 Direct 0  0    D    127.0.0.1   InLoopBack0
```

在路由引入后的路由表中，目的网络地址为 23.1.1.0/30 的路由条目中，Proto 字段显示为 O-ASE 表示该路由条目为 OSPF 外部路由，Pre 字段显示为 150 表示 OSPF 外部路由路由的优先级为 150，而 OSPF 协议域内路由的路由优先级为 10。

除了 RIP 以外，Static、Direct 也可以作为外部路由引入到 OSPF 当中，并且不同 OSPF 进程之间也是不能相互直接学习到路由信息，需要路由引入。

11.7 OSPF 单区域配置实例

目标：

在某公司所有路由器之间开启 OSPF，使所有路由器及其端口都属于 OSPF Area0，各网段通过 OSPF 学习到的路由互通。

拓扑图：

本实例的网络拓扑如图 11-12 所示。

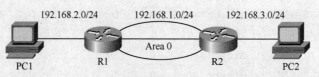

图 11-12　OSPF 单区域网络拓扑图

配置步骤：

1. 如果 R1、R2 为中兴设备

R1：

（1）按拓扑图配置端口 IP 地址

```
R1#configure terminal
R1(config)#interface loopback1
R1(config-if)#ip adderss 10.1.1.1 255.255.255.255
R1(config-if)#exit
R1(config)#interface fei_1/1
R1(config-if)#ip adderss 192.168.1.1 255.255.255.0
R1(config-if)#exit
R1(config)#interface fei_1/2
R1(config-if)#ip adderss 192.168.2.1 255.255.255.0
R1(config-if)#exit
```

（2）启动 OSPF 并配置路由器 Router ID

```
R1(config)#router ospf 10          //进入 OSPF 路由配置模式，进程号为 10
R1(config-router)#router-id 10.1.1.1  //将 Loopback1 的 IP 地址配置为
```

OSPF 的 Router ID

（3）配置区域所包含的网段

```
R1(config-router)#network 192.168.1.0 0.0.0.255 Area0 //将 192.168.
```

1.0/24 网段加入 OSPF

```
//骨干域 Area0
```

（4）把直连路由引入到 OSPF 中

```
R1(config-router)# redistribute connected
```

R2：和 R1 配置类似，R2 上 loopback1 地址设为 20.1.1.1/32。对照拓扑图，注意相应端口 IP 地址的变化。

2．如果 R1、R2 为华为设备

（1）按拓扑图配置端口 IP 地址

```
[R1]interface Ethernet 0/0
[R1-Ethernet0/0] ip address 192.168.2.1 24
[R1-Ethernet0/0]quit
[R1]interface Ethernet 0/1
[R1-Ethernet0/1] ip address 192.168.1.1 24
[R1-Ethernet0/0]quit
[R1]interface loopback1
[R1-loopback1]ip adderss 10.1.1.1 255.255.255.255
[R2]interface Ethernet 0/0
[R2-Ethernet0/0] ip address 192.168.3.1 24
[R2-Ethernet0/0]quit
[R2]interface Ethernet 0/1
[R2-Ethernet0/1] ip address 192.168.1.2 24
[R2-Ethernet0/0]quit
[R2]interface loopback1
[R2-loopback1]ip adderss 20.1.1.1 255.255.255.255
```

（2）配置路由器 Router ID

```
[R1]router id 10.1.1.1
[R2]router id 20.1.1.1
```

（3）启动 OSPF 并配置区域所包含的网段

```
[R1]ospf 1
[R1-ospf-1]Area0  //创建骨干区域 Area0
[R1-ospf-1-area-0.0.0.0]network 10.1.1.1  0.0.0.0
[R1-ospf-1-area-0.0.0.0]network 192.168.1.0  0.0.0.255
[R2]ospf 1
[R2-ospf-1]Area0  //创建骨干区域 Area0
[R2-ospf-1-area-0.0.0.0]network 10.1.1.1  0.0.0.0
[R2-ospf-1-area-0.0.0.0]network 192.168.1.0  0.0.0.255
```

（4）把直连路由引入到 OSPF 中

```
[R1]ospf
[R1-ospf-1]import-route direct
[R2]ospf
[R2-ospf-1]import-route direct
```

测试：

1．查看 IP 路由表

查看路由表，可发现相应路由。

2．用 Ping 命令检查连通性

全网连通性正常。

11.8 OSPF 多区域配置实例

目标：

在某公司所有路由器之间开启 OSPF，使所有路由器及其端口都分属于不同 OSPF Area，各网段通过 OSPF 学习到的路由互通。

拓扑图：

本实例的网络拓扑如图 11-13 所示。

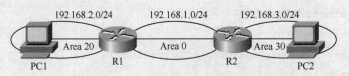

图 11-13 OSPF 多区域网络拓扑图

配置步骤：

1．如果 R1、R2 为中兴设备

R1：

（1）按拓扑图配置端口 IP 地址

```
R1#configure terminal
R1(config)#interface loopback1
R1(config-if)#ip adderss 10.1.1.1 255.255.255.255
R1(config-if)#exit
R1(config)#interface fei_1/1
R1(config-if)#ip adderss 192.168.1.1 255.255.255.0
R1(config-if)#exit
```

```
R1(config)#interface fei_1/2
R1(config-if)#ip adderss 192.168.2.1 255.255.255.0
R1(config-if)#exit
```

（2）启动 OSPF 并配置路由器 Router ID

```
R1(config)#router ospf 10                //进入 OSPF 路由配置模式，进程号
为 10
R1(config-router)#router-id 10.1.1.1   //将 Loopback1 的 IP 地址配置为
OSPF 的 Router ID
```

（3）配置区域所包含的网段

```
R1(config-router)#network 192.168.1.0 0.0.0.255 Area0
//将 192.168.1.0/24 网段加入 OSPF 骨干域 Area0
R1(config-router)#network 192.168.2.0 0.0.0.255 Area20
//将和 PC1 连接的端口加入 OSPF 的非骨干区域 Area20
```

R2：和 R1 配置类似。对照拓扑图，注意相应端口 IP 地址的变化。R2 上 Loopback1 地址设为 20.1.1.1/32。将与 PC2 连接的网段加入到 OSPF Area 30 中。

2．如果 R1、R2 为华为设备

（1）按拓扑图配置端口 IP 地址

```
[R1]interface Ethernet 0/0
[R1-Ethernet0/0] ip address 192.168.2.1 24
[R1-Ethernet0/0]quit
[R1]interface Ethernet 0/1
[R1-Ethernet0/1] ip address 192.168.1.1 24
[R1-Ethernet0/0]quit
[R1]interface loopback1
[R1-loopback1]ip adderss 10.1.1.1 255.255.255.255
[R2]interface Ethernet 0/0
[R2-Ethernet0/0] ip address 192.168.3.1 24
[R2-Ethernet0/0]quit
[R2]interface Ethernet 0/1
[R2-Ethernet0/1] ip address 192.168.1.2 24
[R2-Ethernet0/0]quit
[R2]interface loopback1
[R2-loopback1]ip adderss 20.1.1.1 255.255.255.255
```

（2）配置路由器 Router ID

```
[R1]router id 10.1.1.1
[R2]router id 20.1.1.1
```

（3）启动 OSPF 并配置区域所包含的网段

```
[R1]ospf 1
[R1-ospf-1]Area 0           //创建骨干区域 Area 0
```

```
[R1-ospf-1-area-0.0.0.0]network 10.1.1.1  0.0.0.0

[R1-ospf-1-area-0.0.0.0]network 192.168.1.0  0.0.0.255

[R1-ospf-1]Area 20          //创建区域 Area 20

[R1-ospf-1-area-0.0.0.20]network 192.168.2.0  0.0.0.255

[R2]ospf 1

[R2-ospf-1]Area 0           //创建骨干区域 Area 0

[R2-ospf-1-area-0.0.0.0]network 10.1.1.1  0.0.0.0

[R2-ospf-1-area-0.0.0.0]network 192.168.1.0  0.0.0.255

[R2-ospf-1]Area 30          //创建区域 Area 30

[R2-ospf-1-area-0.0.0.30]network 192.168.3.0  0.0.0.255
```

测试：

1．查看 IP 路由表

查看路由表，可发现相应路由。

2．用 Ping 命令检查连通性

全网连通性正常。

习题

1．OSPF 是如何定义的？OSPF 有哪些特点？

2．请描述 OSPF 的工作过程。

3．Router ID 的作用是什么？它是怎样产生的？

4．比较邻居关系和邻接关系的区别。

5．什么是 DR？什么是 BDR？它们是怎样产生的？

6．OSPF 工作过程当中交互哪些报文？

7．运行 OSPF 协议的网络有哪些类型？

8．OSPF 是怎样划分区域的？

9．多区域 OSPF 网络中路由器有哪些类型？

10．什么是路由引入？

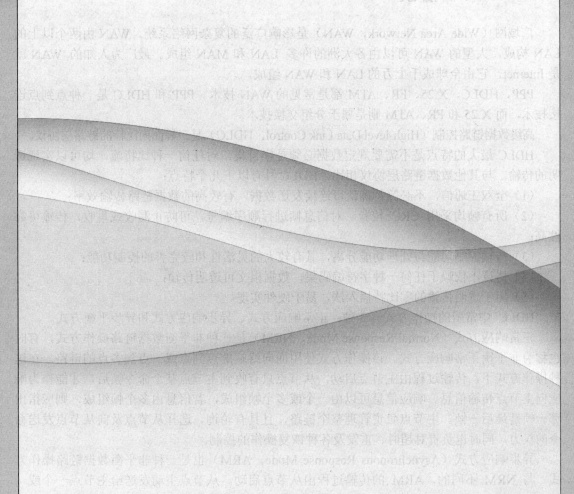

第四篇
广域网技术

第 12 章

HDCL 在广域网中的应用

【学习目标】

了解 HDLC 的特点

理解 HDLC 中常用的操作方式（难点）

掌握 HDLC 实现两台路由器互连的配置方法（重点）

关键词：广域网；HDLC

12.1 HDLC 协议

广域网（Wide Area Network，WAN）是影响广泛的复杂网络系统。WAN 由两个以上的 LAN 构成，大型的 WAN 可以由各大洲的许多 LAN 和 MAN 组成。最广为人知的 WAN 就是 Internet，它由全球成千上万的 LAN 和 WAN 组成。

PPP、HDLC、X.25、FR、ATM 都是常见的 WAN 技术。PPP 和 HDLC 是一种点到点连接技术，而 X.25 和 FR、ATM 则是属于分组交换技术。

高级数据链路控制（High-level Data Link Control，HDLC）是一种面向比特的链路层协议。

HDLC 最大的特点是不需要规定数据必须是字符集，对任何一种比特流，均可以实现透明的传输。与其他数据链路层协议相比，HDLC 具有以下几个特点：

（1）全双工通信，不必等待确认可连续发送数据，有较高的数据链路传输效率；

（2）所有帧均采用 CRC 校验，对信息帧进行顺序编号，可防止漏收或重收，传输可靠性高；

（3）传输控制功能与处理功能分离，具有较大的灵活性和较完善的控制功能；

（4）协议不依赖于任何一种字符编码集，数据报文可透明传输；

（5）用于透明传输的零比特插入法，易于硬件实现。

HDLC 中常用的操作方式有 3 种：正常响应方式、异步响应方式和异步平衡方式。

正常响应方式（Normal Response Mode，NRM）是一种非平衡数据链路操作方式，有时也称为非平衡正常响应方式。该操作方式使用面向终端的点到点或一点到多点的链路。在这种操作方式下，传输过程由主节点启动，从节点只有收到主节点某个命令帧后，才能作为响应向主节点传输信息。响应信息可以由一个或多个帧组成，若信息由多个帧组成，则应指出哪一帧是最后一帧。主节点负责管理整个链路，且具有轮询、选择从节点及向从节点发送命令的权力，同时也负责对超时、重发及各种恢复操作的控制。

异步响应方式（Asynchronous Response Mode，ARM）也是一种非平衡数据链路操作方式。与 NRM 不同的，ARM 的传输过程由从节点启动。从节点主动发送给主节点一个或一组帧。在这种操作方式下，由从节点来控制超时和重发。该方式对采用轮询方式的多节点链路来说是必不可少的。

异步平衡方式（Asynchronous Balanced Mode，ABM）是一种允许任何节点来启动传输的操作方式。为了提高链路传输效率，节点之间在两个方向上都需要有较高的信息传输量。在这种操作方式下，任何时候任何节点都能启动传输操作，每个节点既可以作为主节点又可作为从节点。各个节点都有相同的一组协议，任何节点都可以发送或接受命令，也可以给出应答，并且各节点对差错恢复过程都负有相同的责任。

HDLC 开始发送一帧后，就要连续不断地发完该帧。HDLC 可以同时确认几个帧，HDLC 中的每个帧含有地址字段。在多点的结构中，每个从节点只接收含有本节点地址的帧。因此主节点在选中一个从节点并与之通信的同时，不用拆链，便可以选择其他的节点通信，即可以同时与多个节点建立链路。由于以上特点，HDLC 具有较高的传输效率。

HDLC 适用于点到点或点到多点式的结构，半双工或全双工的工作方式。就传输方式而言，HDLC 只用于同步传输，常用于中高速传输。

12.2　HDLC 配置实例

目标：

通过 HDLC 方式实现两台路由器互连。

拓扑图：

本实例的网络拓扑如图 12-1 所示。

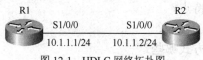

图 12-1　HDLC 网络拓扑图

配置步骤：

1. 如果 R1、R2 为华为设备

设置路由器端口 IP 及链路层协议。默认情况下 Serial 端口工作在 PPP 模式，所以需要修改为 HDLC。

```
[R1]interface Serial 1/0/0
[R1-Serial1/0/0]ip address 10.1.1.1 24
[R1-Serial1/0/0]link-protocol hdlc
[R2]interface Serial 1/0/0
[R2-Serial1/0/0]ip address 10.1.1.2 24
[R2-Serial1/0/0]link-protocol hdlc
```

2. 如果 R1、R2 为中兴设备

拓扑图中 R1 和 R2 的端口 S1/0/0 使用 Cel2/3，配置步骤如下。

R1:

```
ZXR10_R1#configure terminal                //进入全局配置模式
```

```
    ZXR10-R1(config)#controller ce1_2/3          //进入E1 Controller配置模式
    ZXR10-R1(config-control)#framing frame     //配置E1接口为成帧方式
    ZXR10-R1(config-control)#channel-group 1 timeslots 1-31 //配置E1接
口的通道号和时隙
    ZXR10-R1(config-control)#exit                          //退回全局配置模式
    ZXR10-R1(config)#interface ce1_2/3.1                   //进入子接口配置模式
    ZXR10-R1(config-subif)#ip address 10.1.1.1 255.255.255.0 //配置接口的IP地址
    ZXR10-R1(config-subif)#keepalive 20                   //配置连接的生存期
    ZXR10-R1(config-subif)#encapsulation hdlc            //配置接口二层协议封
装    ZXR10-R1(config-subif)#exit                          //退回全局配置模式
```

R2：R2的配置和R1类似。

测试：

配置完成后，R1和R2能够互相Ping通。

 习题

1. 常见的广域网协议有哪些？
2. 什么是HDLC？HDLC有哪些特点？
3. 正常响应方式是如何工作的？
4. 异步响应方式有什么特点？
5. 异步平衡方式是如何工作的？
6. HDLC中常用的操作方式哪些？
7. HDLC是如何实现较高的传输效率的？
8. HDLC适用于哪些场合？
9. 怎样将Serial端口工作模式修改为HDLC？
10. 简述HDLC配置流程。

13.1 PPP 概述

PPP 是一种在点对点链路上承载网络层数据包的数据链路层协议，处于 TCP/IP 协议族协议的数据链路层，主要用于在支持全双工的同异步链路上进行点对点之间的数据传输。

PPP 是在串行线 IP 的 SLIP（Serial Line IP）的基础上发展起来的。由于 SLIP 存在只支持异步传输方式、无协商过程（尤其不能协商如双方 IP 地址等网络层属性）、只能承载 IP 一种网络层报文等缺陷，在发展过程中，逐步被 PPP 所替代。

PPP 主要由 3 类协议栈组成。

（1）链路控制协议栈（Link Control Protocol）：主要用来建立、拆除和监控 PPP 数据链路。

（2）网络层控制协议栈（Network Control Protocol）：主要用来协商在该数据链路上所传输的数据包的格式与类型。

（3）PPP 扩展协议栈：主要用于提供对 PPP 功能的进一步支持，如 PPP 提供了用于网络安全方面的验证协议栈（PAP 和 CHAP）。

13.2 PPP 工作流程

PPP 链路的建立是通过一系列的协商完成的。PPP 整个链路过程需经历阶段的状态转移如图 13-1 所示。

PPP 运行总是以 Dead 阶段开始和结束。通常处在这个状态的时间很短，仅仅是

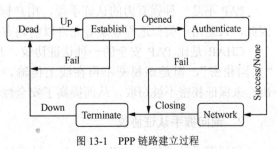

图 13-1　PPP 链路建立过程

检测到硬件设备后（即硬件连接状态为 Up）就进入 Establish 阶段。

在 Establish 阶段，PPP 链路进行 LCP 协商。协商内容包括工作方式是 SP（Single-link PPP）还是 MP（Multilink PPP）、最大接收单元 MRU、验证方式、魔术字和异步字符映射等选项。LCP 协商成功后进入 Opened 状态，表示底层链路已经建立。

如果配置了验证，将进入 Authenticate 阶段，开始 CHAP 或 PAP 验证。如果没有配置验证，则直接进入 Network 阶段。

对于 Authenticate 阶段，如果验证失败，进入 Terminate 阶段，拆除链路，LCP 状态转为 Closed。如果验证成功，进入 Network 阶段，此时 LCP 状态仍为 Opened，而 NCP 状态从 Initial 转到 Starting。

在 Network 阶段，PPP 链路进行 NCP 协商，NCP 协商包括 IPCP（IP Control Protocol）、MPLSCP（MPLS Control Protocol）等协商。IPCP 协商主要包括双方的 IP 地址。通过 NCP 协商来选择和配置一个网络层协议。只有相应的网络层协议协商成功后（相应协议的 NCP 协商状态为 Opened），该网络层协议才可以通过这条 PPP 链路发送报文。如 IPCP 协商通过后，这条 PPP 链路才可以承载 IP 报文。

NCP 协商成功后，PPP 链路将一直保持通信。PPP 协议运行过程中，可以随时中断连接，物理链路断开、认证失败、超时定时器时间到、管理员通过配置关闭连接等动作都可能导致链路进入 Terminate 阶段。

进入 Terminate 阶段且资源释放完，则进入 Dead 阶段。

13.3 PPP 的认证

PPP 的认证包括两种方式：口令认证协议（PAP）和询问握手认证协议（CHAP）。

1. 口令认证协议

口令认证协议（PAP）是一种通过两次握手，完成对等实体间相互身份确认的方法。它只是在链路刚建立时使用，在链路存在期间，不能重复用 PAP 进行对等实体之间的身份确认，如图 13-2 所示。

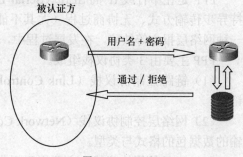

图 13-2 PAP 认证

在数据链路处于打开状态时，需要认证的一方反复向认证方传送用户标志符和口令，直到认证方回送一个确认信息或者数据链路被终止。

PAP 不是一种强有力的认证手段，用户标志符和口令以明码的方式在串行线路上传输，因此，只适用于类似远程登录等允许以明码方式传输用户标志符和口令的应用。

CHAP 是比 PAP 安全的一种认证协议，与 PAP 一样，它也是依赖于一个双方都知道的"共同秘密"，但是该秘密不再在线上传输，而是传递一对质询值/响应值（由散列算法得出）来保证秘密不被窃取，从而提高了安全性。

2. 询问握手认证协议

询问握手认证协议（CHAP）是一种通过三次握手，周期性地验证对方身份的方法。它在数据链路刚建立时使用，在整个数据链路存在期间可以重复使用，如图 13-3 所示。

在数据链路处于打开状态时，认证方给需要认证的 PPP 实体发送一个询问信息（challenge），需要认证的 PPP 实体按照事先给定的算法对询问信息进行计算，将计算结果返回给认证方，认证方将返回的计算结果和自己在本地计算后得到的结果进行比较，若一致，表示认证通过，给需要认证的 PPP 实体发送认证确认帧，否则，应该终止数据链路。

CHAP 是比 PAP 具有更强有力保密功能的认证协议，它适用于数据链路两端都能访问到共同密钥的情况。

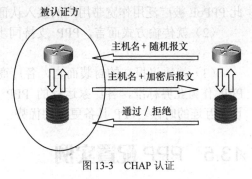

图 13-3 CHAP 认证

13.4 PPPoE 协议

PPP 应用虽然很广泛，但是不能应用于以太网，因此提出了 PPPoE（PPP over Ethernet）协议。PPPoE 协议是对 PPP 的扩展，它可以使 PPP 应用于以太网。

PPPoE 协议提供了在广播式的网络（如以太网）中多台主机连接到远端的访问集中器（访问集中器也称为宽带接入服务器）上的一种标准。

PPPoE 协议会话建立过程分为两个阶段：地址发现（Discovery）阶段和 PPPoE 协议会话阶段。

为了在以太网上建立点到点连接，每一个 PPPoE 协议会话必须知道通信对方的以太网地址，并建立一个唯一的会话标志符。PPPoE 协议通过地址发现协议查找对方的以太网地址。

当某个主机希望发起一个 PPPoE 协议会话时，它首先通过地址发现协议来确定对方的以太网 MAC 地址并建立起一个 PPPoE 协议会话标志符 Session ID。

虽然 PPP 定义的是点对点的对等关系，地址发现却是一种客户机/服务器关系。在地址发现的过程中，主机作为客户机，发现某个作为服务器的接入访问集中器 AC 的以太网地址。

根据网络的拓扑，可能主机跟不止一个访问集中器通信。Discovery 阶段允许主机发现所有的访问集中器，并从中选择一个进行通信。

当 Discovery 阶段成功完成之后，主机和访问集中器两者都具备了在以太网上建立点到点连接所需的所有信息。

在开始建立一个 PPPoE 协议会话之前，Discovery 阶段一直保持无状态。

一旦开始建立 PPPoE 协议会话，主机和作为接入服务器的访问集中器都必须为一个 PPP 虚拟端口分配资源。

进入 PPPoE 协议会话阶段后，需要进行 LCP 协商，协商得到的 MRU 值最大为 1492 字节。因为以太帧长最大为 1500 字节，而 PPPoE 协议帧头为 6 字节，PPP 的 ID 为 2 字节，因此 PPP 的 MTU 值最大为 1492。当 LCP 断开连接时，主机和访问集中器之间停止 PPPoE 协议会话，如果主机需要重新开始 PPPoE 协议会话，必须重新回到 PPPoE Discovery 阶段。

LCP 协商成功后，还需要进行 NCP 协商。协商成功后，主机和接入服务器便可以通信了。

PPP 在广域网中被广泛使用，与 HDLC 相比，主要有以下优势：

（1）PPP 支持用户认证，并且有 PAP 和 CHAP 两种认证方式，带来更高的安全性，因此 PPPoE 被广泛用作宽带用户的接入认证协议；HDLC 没有认证功能。

（2）就传输方式而言，PPP 支持同步和异步模式，而 HDLC 协议只能工作在同步模式下。

（3）就协议报文的封装而言，各厂商设备上运行的 HDLC 的帧封装方式略有差异，而 PPP 作为业界标准，各厂家运行的 PPP 的封装都是相同的，因此，在实现不同厂商之间的设备互连的时候，PPP 具备更大的优势。

13.5　PPP 配置实例

目标：

通过 PPP 方式连接两台路由器，同时进行 PAP/CHAP 认证配置。

拓扑图：

本实例的网络拓扑如图 13-4 所示。

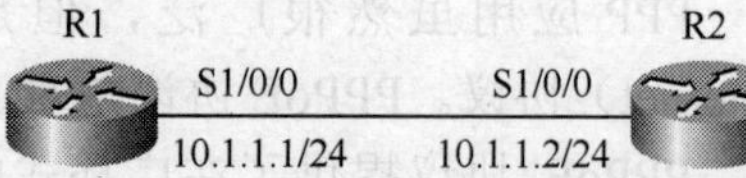

配置步骤：

1．如果 R1、R2 为华为设备

（1）设置路由器端口 IP 地址及链路层协议

默认情况下 Serial 端口工作在 PPP 模式，所以一般不需要修改链路层协议。

图 13-4　PPP 网络拓扑图

```
[R1]interface Serial 1/0/0
[R1-Serial1/0/0]ip address 10.1.1.1 24
[R1-Serial1/0/0] link-protocol ppp          //该配置为默认配置
[R2]interface Serial 1/0/0
[R2-Serial1/0/0]ip address 10.1.1.2 24
[R2-Serial1/0/0] link-protocol ppp
```

（2）配置认证（可选）

PPP 在建立连接时可以选择进行认证，在本例中 R1 作为认证方，用户信息保存在本地，要求 R2 对其进行 PAP/CHAP 认证。在路由器 R1 上创建本地用户及域并配置端口 PPP 认证方式为 PAP/CHAP，认证域为 test。

```
[R1] aaa
[R1-aaa] local-user user1@test password simple huawei   //在本地创建
用户 user1@test，并设置密码为 huawei，其中 test 实为用户所在域名
[R1-aaa] local-user user1@test service-type ppp //设置用户服务类型为 PPP
[R1-aaa] authentication-scheme system_a    //创建一个认证模板 system_a
[R1-aaa-authen-system_a] authentication-mode local   //在该模板中设置认
证时使用本地认证
[R1-aaa-authen-system_a] quit
[R1-aaa] domain test                          //创建一个认证域 test
[R1-aaa-domain-test] authentication-scheme system_a       //在域中引用
```

之前创建的认证模板 system_a

```
[R1-aaa-domain-test] quit
[R1]interface Serial 1/0/0
[R1-serial1/0/0] ppp authentication-mode pap domain test    //设置端
```
口 PPP 认证方式为 PAP 且按照 test 域配置进行本地验证
```
[R1-serial1/0/0] quit
```

如果使用 CHAP 方式认证的话，以上端口配置为：

```
[R1]interface Serial 1/0/0
[R1-serial1/0/0] ppp authentication-mode chap domain test
[R1-serial1/0/0] quit
```

在路由器 R2 上配置本地作为被认证方，在 R1 上验证时需要发送用户名和密码：

```
[R2]interface Serial 1/0/0
[R2-serial1/0/0] ppp pap local-user user1@test password simple huawei
```
//端口以 PAP 方式被验证
```
[R2]interface Serial 1/0/0
[R2-serial1/0/0] ppp chap local-user user1@test password simple huawei
```
//端口以 CHAP 方式被验证

2. 如果 R1、R2 为中兴设备

拓扑图中 R1 和 R2 的端口 S1/0/0 使用 Ce1/2/3，配置步骤如下。

```
R1:
R1(config)#controller ce1_2/3                         //进入 Ce1 配置模式下
R1(config-control)#channel-group 1 timeslots 1-31    //配置时隙
R1(config-control)#framing frame                     //配置 E1 的帧格式
R1(config-control)#exit
R1(config)#interface ce1_2/3.1                        //进入子接口
R1(config-subif)#ip address 10.1.1.1 255.255.255.0   //配置接口地址
R1(config-subif)#encapsulation ppp                   //封装 PPP
R1(config-subif)#ppp authentication chap             //配置 PPP 认证模式为
CHAP
R1(config-subif)#ppp chap hostname zte               //配置认证的用户名 zte
R1(config-subif)#ppp chap password zte               //配置认证的密码 zte
R1(config-subif)#exit
```

R2：R2 和 R1 的配置相同。

测试：

采用华为设备时，在路由器 R1 上通过命令 display interface serial 1/0/0 查看端口的配置信息，端口的物理层和链路层的状态都是 Up 状态，并且 PPP 的 LCP 和 IPCP 都是 Opened 状态，说明链路的 PPP 协商已经成功。

采用中兴设备时，在路由器 R1 上通过命令 show ip interface brief 可以观察到 ce1_2/3.1 的物理状态和协议状态都是 Up，说明两个路由器 PPP 协商成功。

另外，还可以在 R1 上 Ping 通 R2 接口地址，说明链路层 PPP 工作正常。

 习题

1. PPP 是如何定义的？
2. PPP 主要由哪 3 类协议栈组成？
3. LCP 协商的内容包括哪些？
4. NCP 协商的内容包括哪些？
5. 说明 PPP 工作流程。
6. 口令认证协议和询问握手认证协议的区别是什么？
7. 口令认证协议是如何工作的？
8. 简述询问握手认证协议工作流程。
9. 请描述 PPPoE 协议会话建立过程。
10. PAP 和 CHAP 认证是如何配置的？

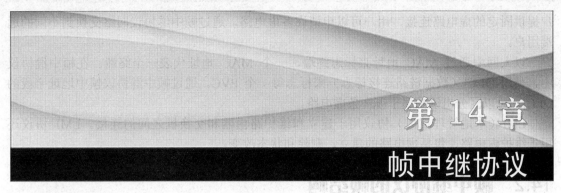

第14章

帧中继协议

【学习目标】

理解帧中继协议的原理（重点）

了解帧中继协议的帧结构

掌握帧中继协议网络中 3 个参数 Bc、Be 和 CIR 的作用（难点）

掌握 DLCI 的分配

掌握帧中继协议的配置（重点）

关键词：

关键词：帧中继协议；虚电路

14.1 帧中继协议概述

帧中继（Frame Relay）协议是广域网的主流协议之一。

帧中继协议是一个面向连接的二层传输协议，它是在 X.25 协议基础上发展起来的。帧中继协议简化了 X.25 的三层功能，更正了 X.25 中的查错纠错机制，提高了传输的效率。随着电子技术与传输技术的发展，传输链路不再是导致误码的主要原因，在传输中再保留复杂的查错纠错机制是没有必要的。帧中继协议假设传输链路是可靠的，把查错纠错功能和流量控制推向网络的边缘设备，所以大大提高了信息传输的效率。帧中继协议网络如图 14-1 所示。

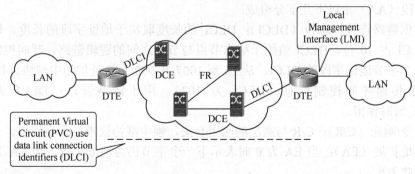

图 14-1 帧中继协议网络

帧中继协议是基于虚电路（Virtual Circuits）的，虚电路有 SVC 和 PVC 两种，国内主要使用的是帧中继协议的 PVC 业务。常见的组网方式是：用户的路由器封装帧中继协议，作为 DTE 设备连接到帧中继协议网中的 DCE 设备（帧中继协议交换机）。网络运营商为用户提供固定的虚电路连接，用户可以申请许多虚电路，通过帧中继协议网络交换到不同的远端用户。

以太网中通过 MAC 地址来标志终端，一个 MAC 地址代表一个终端。在帧中继协议中，使用 DLCI（数据链路连接标志）来标志每一个 PVC。通过帧中继协议帧中地址字段的 DLCI，可以区分出该帧属于哪一条虚电路。

LMI（本地管理端口）协议用于建立和维护路由器和交换机之间的连接。LMI 协议还用于维护虚电路，包括虚电路的建立、删除和状态改变。

14.2 帧中继协议的帧结构

帧中继协议的帧结构如图 14-2 所示。

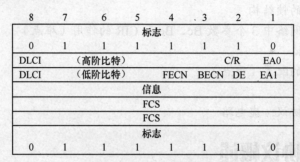

图 14-2 帧中继协议的帧结构

下面对帧结构中各字段的含义逐一说明。

1. 标志字段

标志字段（F）是一个独特的 01111110 比特序列，用于指示一帧的开始与结束。

2. 地址字段

一般为 2 字节，也可扩展为 3 字节或 4 字节。

地址字段（AA）由以下几部分组成：

（1）数据链路连接标志符（DLCI）：DLCI 的长度取决于地址字段的长度，地址字段为 2 字节，DLCI 占 10 位。DLCI 值用于标志节点与节点之间的逻辑链路、呼叫控制以及管理信息。对于 2 字节地址字段的 DLCI，从 16 到 1007 共 992 个地址供帧中继协议使用。DLCI 为 0，用于传递呼叫控制信息；DLCI 为 1023，用于链路管理；DLCI 为 1~15 和 1008~1022，暂时保留。

（2）命令/响应（C/R）：C/R 与高层的应用有关，帧中继协议本身并不使用。

（3）地址扩展（EA）：当 EA 为 0 时表示下一个字节仍为地址字段，当 EA 为 1 时表示地址字段到此为止。

（4）前向拥塞通知（FECN）：若某节点将 FECN 置 1，则表明与该帧同方向传输的帧可能受到网络拥塞的影响而产生时延。

（5）后向拥塞通知（BECN）：若某节点将 BECN 置 1，则指示接收者与该帧相反方向传输的帧可能受到网络拥塞的影响而产生时延。

（6）丢弃指示（DE）：当 DE 置 1，表明在网络发生拥塞时，为了维持网络的服务水平，该帧与 DE 为 0 的帧相比应先丢弃。由于采用了 DE 比特，用户就可以比通常允许的情况多发送一些帧，并将这些帧的 DE 比特置 1。当然 DE 为 1 的帧属于不太重要的帧，必要时可以丢弃。

3．信息字段

信息字段（I）长度为 1600 字节到 2048 字节不等。信息字段可传送多种规程信息，如 X.25、局域网等，为帧中继协议与其他网络的互连提供了方便。

4．帧校验字段

帧校验字段（FCS）为 2 字节的循环冗余校验（CRC 校验）。FCS 并不是要使网络从差错中恢复过来，而是为网络节点所用，作为网络管理的一部分，检测链路上差错出现的频度。当 FCS 检测出差错时，就将此帧丢弃，差错的恢复由终端去完成。

14.3 帧中继协议的带宽管理

帧中继协议网络通过为用户分配带宽控制参数，对每条虚电路上传送的用户信息进行监视和控制，实施带宽管理，以合理地利用带宽资源。

帧中继协议网络为每个用户分配 3 个带宽控制参数：Bc、Be 和 CIR。同时，每隔 Tc 时间间隔对虚电路上的数据流量进行监视和控制，Tc=Bc/CIR。

CIR 是网络与用户约定的用户信息传送速率。如果用户以小于等于 CIR 的速率传送信息，正常情况下，应保证这部分信息的传送。Bc 是网络允许用户在 Tc 时间间隔传送的数据量，Be 是网络允许用户在 Tc 时间间隔内传送的超过 Bc 的数据量。帧中继协议的带宽管理如图 14-3 所示。网络在运行过程中，根据每个帧中继协议用户终端与网络约定的带宽控制参数（Bc、Be、CIR），按 Tc 时间间隔对每个虚电路上传送的数据量进行监控。假如 Tc 内传送的数据量为 Dt，则：

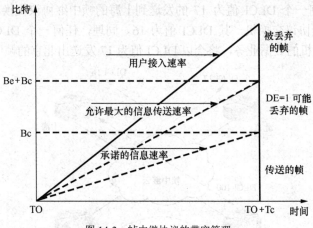

图 14-3 帧中继协议的带宽管理

（1）当 Dt< Bc 时，继续传到帧。

（2）当 Bc<Dt<Bc+Be 时，若网络未发生严重拥塞，则将 Be 范围内传送的帧的 DE 比特置 1 后继续传送，否则将这些帧丢弃。

（3）当 Dt>Bc+Be 时，将超过范围的帧丢弃。

在网络运行初期，网络运营部门为保证 CIR 范围内用户数据信息的传送，在提供可靠服务的基础上积累网管经验，使中继线容量等于经过该中继线的所有 PVC 的 CIR 之和，为用户提供充裕的数据带宽，以防止拥塞的发生。同时，还可以多提供一些 CIR=0 的虚电路业务，充分利用帧中继协议动态分配带宽资源的特点，降低用户通信费用，以吸引更多用户。

14.4　帧中继协议 DLCI 的分配

帧中继协议是一种统计复用协议，它可以在单一物理传输线路上能够提供多条虚电路。每条虚电路用数据链路连接标志 DLCI 来标志。通过帧中继协议帧中的地址字段的 DLCI，可区分出该帧属于哪一条虚电路。DLCI 只在本地端口和与之直接相连的对端端口有效，不具有全局有效性。由于帧中继协议虚电路是面向连接的，本地不同的 DLCI 连接到不同对端设备，所以可以认为本地 DLCI 就是对端设备的"帧中继协议地址"。

帧中继协议网络是由电信运营商提供的，用户的路由器使用的帧中继协议 PVC 的 DLCI 是由提供帧中继协议服务的公司分配。

帧中继协议地址映射是把对端设备的协议地址与对端设备的帧中继协议地址（本地的 DLCI）关联起来，以便高层协议能通过对端设备的协议地址寻址到对端设备。帧中继协议主要用来承载 IP，在发送 IP 报文时，由于路由表只知道报文的下一跳地址，所以发送前必须由该地址确定它对应的 DLCI。这个过程可以通过查找帧中继协议地址映射表来完成。地址映射表可以由手工配置，也可以由 Inverse ARP 动态维护。

14.5　帧中继协议的寻址

帧中继协议的寻址如图 14-4 所示。北京和上海之间的 PVC 是由北京的 DLCI 17 和上海的 DLCI 16 组成。任何一个 DLCI 值为 17 的发送到上海的帧中继协议交换机的数据业务，将会发送出上海的帧中继协议交换机，其 DLCI 值为 16。同理，任何一个 DLCI 值为 16 的送入上海的帧中继协议交换机的数据业务，将会以 DLCI 值为 17 发送出北京的帧中继协议交换机。

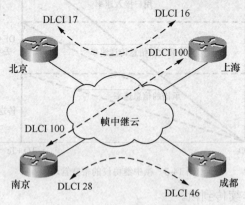

图 14-4　帧中继协议的寻址

南京和上海之间的 PVC 中，南京和上海的 DLCI 值都为 100。任何一个 DLCI 值为 100 的送入南京的帧中继协议交换机的数据业务，将会以同样的 DLCI 发送出上海的帧中继协议交换机。同理，任何一个 DLCI 值为 16 的送入上海的帧中继协议交换机的数据业务，将以同样的 DLCI 值发送出南京的帧中继协议交换机。可以看出在这条 P V C 链路两旁的 DLCI 值均为 100，之所以能这样是因为 DLCI 值只是局部有效的。

南京和成都之间的 PVC 中，南京的 DLCI 为 28，成都的 DLCI 为 46。任何一个 DLCI 值为 28 的送入南京帧中继协议交换机的数据业务，将以 DLCI 值 46 发送出成都的帧中继协议交换机，同理，任何一个 DLCI 值为 46 的送入成都的帧中继协议交换机的数据业务，将会以 DLCI 值 28 发送出南京的帧中继协议交换机。

14.6 帧中继配置实例

目标：

通过帧中继协议方式互连两台路由器实现 IP 层互通。

拓扑图：

本实例的网络拓扑如图 14-5 所示。

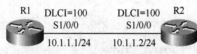

图 14-5 帧中继协议网络拓扑图

配置步骤：

1. 如果 R1、R2 为华为设备

（1）设置路由器 R1 的端口 IP 地址及链路层协议

```
[R1] interface serial 1/0/0
[R1-Serial1/0/0] ip address 10.1.1.1 255.255.255.0
[R1-Serial1/0/0] link-protocol fr        //配置端口封装类型为帧中继协议链路协议
[R1-Serial1/0/0] fr interface-type dte      //配置端口类型为 DTE
[R1-Serial1/0/0] fr dlci 100                //配置本地 DLCI 号
[R1-fr-dlci-Serial1/0/0:0-100] quit
```

如果对端路由器支持逆向地址解析功能，则配置动态地址映射，否则配置静态地址映射。

```
[R1-Serial1/0/0] fr inarp                //配置动态地址映射
[R1-Serial1/0/0] fr map ip 10.1.1.2 100 //配置静态地址映射
```

（2）设置路由器 R2 端口 IP 地址及链路层协议

```
[R2] interface serial 1/0/0
[R2-Serial1/0/0] ip address 10.1.1.2 255.255.255.0
[R2-Serial1/0/0] link-protocol fr
[R2-Serial1/0/0] fr interface-type dce
[R2-Serial1/0/0] fr dlci 100      //配置本地 DLCI 号
```

如果对端路由器支持逆向地址解析功能，则配置动态地址映射，否则配置静态地址映射。

```
[R2-Serial1/0/0] fr inarp    //配置动态地址映射
```

2．如果 R1、R2 为中兴设备

拓扑图中 R1 和 R2 的端口 S1/0/0 使用 Cel2/3，配置步骤如下。

R1：

```
R1(config)#controller ce1_2/3        //进入 E1 Controller 配置模式
R1(config-control)#framing frame     //配置 E1 接口为成帧方式
R1(config-control)#channel-group 1 timeslots 1-31    //配置 E1 接口的通
道号和时隙
R1(config-control)#exit              //退回到全局配置模式
R1(config)#interface ce1_2/3.1       //进入接口配置模式
R1(config-if)#encapsulation frame-relay  //配置接口二层协议封装
R1(config-if)#frame-relay intf-type dce //设置帧中继设备类型，默认为 DTE
R1(config-if)#ip address 10.1.1.1 255.255.255.0 //配置接口的 IP 地址
R1(config-if)#frame-relay interface-dlci 100     //定义接口 DLCI
R1(config-if)#exit
```

R2：

```
R2(config)#controller ce1_2/3
R2(config-control)#framing frame
R2(config-control)#channel-group 1 timeslots 1-31
R2(config-control)#exit
R2(config)#interface ce1_2/3.1
R2(config-if)#encapsulation frame-relay
R2(config-if)#frame-relay interface-dlci 100
R2(config-if)#ip address 10.1.1.2 255.255.255.0
R2(config-if)#exit
```

测试：

采用华为设备时，在路由器 R2 上查看帧中继协议映射信息。

```
<R2>dis fr map-info
Map Statistics for interface Serial1/0/0 (DCE)
DLCI = 100, IP INARP 10.1.1.2, Serial1/0/0
create time = 2011/08/14 15:52:37, status = ACTIVE
encapsulation = ietf, vlink = 3, broadcast
```

以上信息表示帧中继协议端口通过动态地址映射到了对端的 DLCI，双方可以通信。

采用中兴设备时，在路由器 R1 上通过命令 show ip interface brief，可以观察到 ce1_2/3.1 的物理状态和协议状态都是 Up，说明两个路由器 FR 协商成功。

另外，还可以在 R1 上 Ping 通 R2 接口地址，说明链路层 FR 协议工作正常。

 习题

1．帧中继协议有哪些特点？
2．帧中继协议为什么能够提高信息传输的效率？

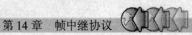

3．请说明帧中继协议中帧结构中各字段的含义。

4．帧中继协议网络带宽控制参数有哪些？

5．Bc 的作用是什么？

6．Be 的作用是什么？

7．CIR 的作用是什么？

8．DLCI 是如何定义的？

9．简述帧中继协议的寻址过程。

10．动态地址映射应该怎样配置？

第五篇

网络安全技术

第 15 章
访问控制列表

【学习目标】
理解 ACL 作用
掌握 ACL 分类
理解 ACL 工作原理（重点）
掌握通配符的作用
理解 ACL 匹配顺序（难点）
掌握 ACL 的配置（难点）
关键词：ACL；通配符；匹配原则

15.1 ACL 概述

访问控制列表（Access Control List，ACL）就是一种对经过路由器的数据流进行判断、分类和过滤的方法。网络设备为了过滤报文，需要配置一系列的匹配条件对报文进行分类，这些条件可以是报文的源地址、目的地址、端口号等。当设备的端口接收到报文后，即根据当前端口上应用的 ACL 规则对报文的字段进行分析，在识别出特定的报文之后，根据预先设定的策略允许或禁止该报文通过。

ACL 有不同的类别，通过不同的编号来区别，华为设备中 ACL 分类见表 15-1。

表 15-1   ACL 分类

ACL 类型	编 号 范 围	规则制定依据
基本 ACL	2000~2999	报文的源 IP 地址
高级 ACL	3000~3999	报文的源 IP 地址、目的 IP 地址、报文优先级、IP 承载的协议类型及特性等三、四层信息
二层 ACL	4000~4999	报文的源 MAC 地址、目的 MAC 地址、802.1p 优先级、链路层协议类型等二层信息
用户自定义 ACL	5000~5999	用户自定义报文的偏移位置和偏移量、从报文中提取出相关内容等信息

基本 ACL 只将数据包的源地址信息作为过滤的标准而不能基于协议或应用来进行过滤，即只能根据数据包是从哪里来的进行控制，而不能基于数据包的协议类型及应用对其进行控制，只能粗略地限制某一类协议，如 IP。

高级 ACL 可以针对数据包的源地址、目的地址、协议类型及应用类型（如端口号）等信息作为过滤的标准，即可以根据数据包是从哪里来、到哪里去、何种协议、什么样的应用等特征进行精确的控制。

在中兴设备中，目前有两种主要的 ACL：标准 ACL 和扩展 ACL。标准 ACL 和基本 ACL 相同，扩展 ACL 和高级 ACL。 标准的 ACL 使用 1~99 以及 1300~1999 之间的数字作为编号。扩展的 ACL 使用 100~199 以及 2000~2699 之间的数字作为编号。

15.2　ACL 的工作原理

ACL 可被应用在数据包进入路由器的端口方向（Inbound），也可被应用在数据包从路由器外出的端口方向（Outbound），并且一台路由器上可以设置多个 ACL。但对于一台路由器的某个特定端口的特定方向，针对某一个协议，如 IP，只能同时应用一个 ACL。

对于基本 ACL，由于它只能过滤源 IP，为了不影响源主机的通信，一般将基本 ACL 放在离目的端比较近的地方。

高级 ACL 可以精确地定位某一类的数据流，为了不让无用的流量占据网络带宽，一般将高级 ACL 放在离源端比较近的地方。

ACL 规则的关键字有两个：允许（Permit）和拒绝（Deny）。

下面以应用在外出端口方向（Outbound）的 ACL 为例说明 ACL 的工作流程，如图 15-1 所示。

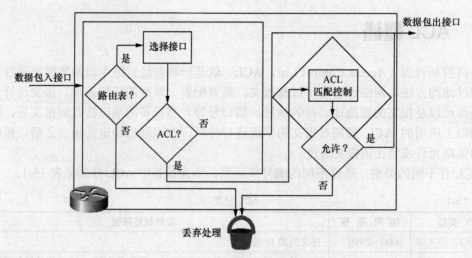

图 15-1　ACL 的工作流程

首先数据包进入路由器的端口，根据目的地址查找路由表，找到转发端口（如果路由表中没有相应的路由条目，路由器会直接丢弃此数据包，并给源主机发送目的不可达消息）。确定外出端口后需要检查是否在外出端口上配置了 ACL，如果没有配置 ACL，路由器将做与外出端口数据链路层协议相同的二层封装，并转发数据。

如果在外出端口上配置了 ACL，则要根据 ACL 制定的规则对数据包进行判断。

ACL 语句的内部处理过程如图 15-2 所示。

每个 ACL 可以有多条语句（规则）组成，当一个数据包通过 ACL 的检查时，首先检查 ACL 中的第一条语句。如果匹配其判别条件，则依据这条语句所配置的关键字对数据包操作。如果关键字是 Permit，则转发数据包；如果关键字是 Deny，则直接丢弃此数据包。

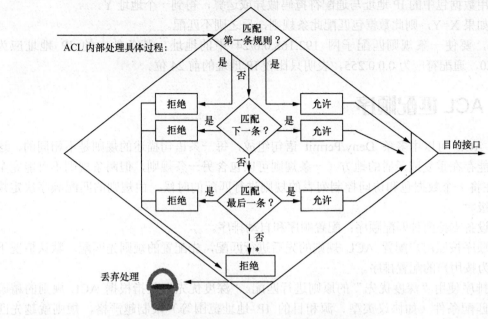

图 15-2　ACL 语句的内部处理过程

如果没有匹配第一条语句的判别条件则进行下一条语句的匹配，同样如果匹配其判别条件则依据这条语句所配置的关键字对数据包操作。如果关键字是 Permit，则转发数据包；如果关键字是 Deny，则直接丢弃此数据包。

这样的过程一直进行，一旦数据包匹配了某条语句的判别语句则根据这条语句所配置的关键字或转发或丢弃。

如果一个数据包没有匹配上 ACL 中的任何一条语句则会被丢弃掉，因为默认情况下每一个 ACL 在最后都有一条隐含的匹配所有数据包的条目，其关键字是 Deny。默认情况下的关键字可以通过命令进行修改。

总的来说，ACL 内部的处理过程就是自上而下，顺序执行，直到找到匹配的规则，执行拒绝或允许操作。

15.3　通配符掩码

ACL 规则使用 IP 地址和通配符掩码来设定匹配条件。

通配符掩码也称为反掩码，和子网掩码一样，通配符掩码也是由 1 和 0 组成的 32 位二进制数，也用点分十进制形式来表示。通配符的作用与子网掩码的作用相似，即通过与 IP 地址执行比较操作来标志网络。不同的是，通配符掩码化为二进制数后，其中的 1 表示"在比较中可以忽略相应的地址位，不用检查"，0 表示"相应的地址位必须被检查"。

例如，通配符掩码 0.0.0.255 表示只比较相应地址位的前 24 位，通配符 0.0.7.255 表示只比较相应地址位的前 21 位。

在进行 ACL 包过滤时，具体的比较算法如下。

（1）用 ACL 规则中配置的 IP 地址与通配符掩码做异或运算，得到一个地址 X。

（2）用数据包中的 IP 地址与通配符掩码做异或运算，得到一个地址 Y。

（3）如果 X=Y，则此数据包匹配此条规则，反之则不匹配。

例如，要使一条规则匹配子网 192.168.0.0/24 中的地址，其条件中的 IP 地址应为 192.168.0.0，通配符应为 0.0.0.255，表明只比较 IP 地址的前 24 位。

15.4 ACL 匹配顺序

一个 ACL 可以由多条 Deny/Permit 语句组成，每一条语句描述的规则是不相同的，这些规则可能存在重复或矛盾的地方（一条规则可以包含另一条规则，但两条规则不可能完全相同），在将一个数据包和访问控制列表的规则进行匹配的时候，由规则的匹配顺序决定规则的优先级。

华为设备支持两种匹配顺序：配置顺序和自动排序。

配置顺序按照用户配置 ACL 规则的先后进行匹配，先配置的规则先匹配。默认情况下匹配顺序为按用户的配置排序。

自动排序使用"深度优先"的原则进行匹配。"深度优先"是指根据 ACL 规则的精确度排序，匹配条件（如协议类型、源和目的 IP 地址范围等）限制越严格，规则就越先匹配。如 129.102.1.1 0.0.0.0 指定了一台主机：129.102.1.1，而 129.102.1.1 0.0.0.255 则指定了一个网段：129.102.1.1～129.102.1.255，显然前者指定的主机范围小，在访问控制规则中排在前面。

基本 IPv4 ACL 的"深度优先"顺序判断原则如下：

（1）先看规则中是否带 VPN 实例，带 VPN 实例的规则优先。

（2）再比较源 IP 地址范围，源 IP 地址范围小的规则优先。

（3）如果源 IP 地址范围相同，则先配置的规则优先。

高级 IPv4 ACL 的"深度优先"顺序判断原则如下：

（1）先看规则中是否带 VPN 实例，带 VPN 实例的规则优先。

（2）再比较协议范围，指定了 IP 承载的协议类型的规则优先。

（3）如果协议范围相同，则比较源 IP 地址范围，源 IP 地址范围小的规则优先。

（4）如果协议范围、源 IP 地址范围相同，则比较目的 IP 地址范围，目的 IP 地址范围小的规则优先。

（5）如果协议范围、源 IP 地址范围、目的 IP 地址范围相同，则比较端口号范围，端口号范围小的规则优先。

（6）如果上述范围都相同，则先配置的规则优先。

15.5 ACL 配置实例

目标：

掌握 ACL 的配置方法；在交换机和路由器上利用 ACL 实现包过滤，禁止 PC1 访问 Server，允许 PC2 访问 Server。

拓扑图：

本实例的网络拓扑如图 15-3 所示。

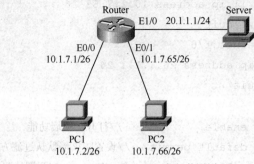

图 15-3　AC 网络拓扑图

配置步骤：

1. 如果 Router 为中兴设备

端口 E1/0 使用端口 fei_1/3，端口 E0/0 使用端口 fei_1/1，端口 E0/1 使用端口 fei_1/2，配置步骤如下。

```
Router(config)#interface fei_1/3
Router(config-if)#ip add 20.1.1.1 255.255.255.0
Router(config-if)#exit
Router(config)#interface fei_1/1
Router(config-if)#ip add 10.1.7.1 255.255.255.192
Router(config-if)#exit
Router(config)#interface fei_1/2
Router(config-if)#ip add 10.1.7.65 255.255.255.192
Router(config-if)#exit
Router(config)#acl extend number 100        //启动扩展 ACL
Router(config-ext-acl)#rule 1 deny ip 10.1.7.2 0.0.0.0 20.1.1.2 0.0.0.0
//不允许 10.1.7.2 访问 20.1.1.2
Router(config-ext-acl)#rule 2 permit ip any any //除了 10.1.7.2，其
他的网段都可以访问 20.1.1.2
Router(config-ext-acl)#exit
Router(config)#interface fei_1/1
Router(config-if)# ip access-group 100 in  //在 fe-2/1 端口的禁止被访问
Router(config-if)#exit
```

2. 如果 Router 为华为设备

（1）按拓扑图配置端口 IP 地址

```
[Router]interface Ethernet 0/0
[Router-Ethernet0/0] ip address 10.1.7.1 26
[Router-Ethernet0/0]quit
[Router]interface Ethernet 0/1
```

```
[Router-Ethernet0/1] ip address 10.1.7.65 26
[Router-Ethernet0/1]quit
[R2]interface Ethernet 1/0
[R2-Ethernet1/0] ip address 20.1.1.1 24
[R2-Ethernet1/0]quit
```

（2）ACL 配置

```
[Router] firewall enable                //打开防火墙功能
[Router] firewall default permit     //设置防火墙默认过滤方式为允许包通过
[Router] acl number 3001 match-order auto     //配置访问规则
[Router-acl-adv-3001] rule permit ip source any destination any
[Router-acl-adv-3001] rule permit ip source 10.1.7.66  0 destinat ion
20.1.1.2  0
[Router-acl-adv-3001] rule deny ip source 10.1.7.1  0 destination
20.1.1.2  0  //允许 PC2  访问 Server，不允许 PC1 访问 Server
[Router-Ethernet1/0] firewall packet-filter 3001 outbound  //将规则
3001 作用于从端口 Ethernet1/0 输出的包
```

测试：

路由器上没有配置包过滤之前，PC1、PC2 都可以访问 Server。

路由器上配置包过滤之后，PC1 可以访问 Server， PC2 不可以访问 Server。

　习题　

1. ACL 是如何定义的？
2. ACL 的主要作用是什么？
3. ACL 有哪些类型？
4. 基本 ACL 的过滤的标准是什么？
5. 高级 ACL 的过滤的标准是什么？
6. 基本 ACL 和高级 ACL 的放置位置有什么要求？
7. 要使一条规则匹配子网 192.168.0.0/21 中的地址，其条件中的通配符是多少？
8. ACL 有哪些匹配顺序？
9. 什么是深度优先？
10. 请描述 ACL 语句的内部处理过程。

第 16 章

DHCP 技术

【学习目标】

理解 DHCP 的作用与特点

了解 DHCP 的组网方式（重点）

了解 DHCP 报文的类型

理解 DHCP 工作过程（难点）

掌握 DHCP 的配置（难点）

关键词：DHCP；组网方式；报文类型

16.1 DHCP 概述

随着网络规模的扩大和网络复杂度的提高，计算机的数量经常超过可供分配的 IP 地址的数量，同时随着便携机及无线网络的广泛应用，计算机的位置也经常变化，相应的 IP 地址也必须经常更新，从而导致网络配置越来越复杂。动态主机配置协议 DHCP（Dynamic Host Configuration Protocol）主要用来给网络客户机分配动态的 IP 地址。

DHCP 的作用是为局域网中每台计算机自动分配 TCP/IP 协议族协议的信息，包括 IP 地址、子网掩码、网关以及 DNS 服务器等。使用 DHCP 时，终端主机无须配置，网络维护方便。

DHCP 的主要特点包括：

（1）整个分配过程自动实现，在客户端上，除了将 DHCP 选项打勾外，无需做任何 IP 环境设定。

（2）所有的 IP 网络资源都由 DHCP 服务器统一管理，可以帮客户端指定 Netmask、DNS 服务器、默认网关等参数。

（3）通过 IP 地址租期管理实现 IP 地址分时复用。

（4）DHCP 采用广播方式交互报文。由于默认情况下路由器不会将收到的广播包从一个子网发送到另一个子网，因而当 DHCP 服务器与客户主机不在同一个子网时，必须使用 DHCP 中继（DHCP Relay）。

（5）DHCP 的安全性较差，服务器容易受到攻击。

16.2 DHCP 的组网方式

DHCP 采用客户机/服务器体系结构，客户机靠发送广播方式的发现信息来寻找 DHCP 服务器，即向地址 255.255.255.255 发送特定的广播信息，服务器收到请求后进行响应。而路由器默认情况下是隔离广播域的，对此类报文不予处理，因此 DHCP 的组网方式分为同网段和不同网段两种方式。DHCP Server 和 Client 在同一个子网时，同网段组网如图 16-1 所示。

DHCP Server 和 Client 不在同一个子网时，不同网段组网如图 16-2 所示。当 DHCP 服务器和客户机不在同一个子网时，充当客户主机默认网关的路由器必须将广播包发送到 DHCP 服务器所在的子网，这一功能称为 DHCP 中继。

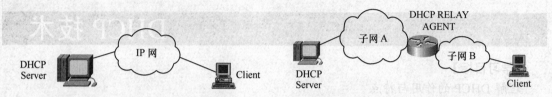

图 16-1 DHCP Server 和 Client 同网段组网　　　　图 16-2 DHCP Server 和 Client 不同网段组网

标准的 DHCP 中继的功能相对来说也比较简单，只是重新封装、续传 DHCP 报文。
DHCP 服务器支持以下 3 种类型的地址分配方式。

1. 手工分配

由管理员为少数特定 DHCP 客户机（如 DNS、WWW 服务器、打印机等）静态绑定固定的 IP 地址。通过 DHCP 服务器将所绑定的固定 IP 地址分配给 DHCP 客户机。此地址永久被该客户机使用，其他主机无法使用。

2. 自动分配

DHCP 服务器为 DHCP 客户机动态分配租期为无限长的 IP 地址。只有客户机释放该地址后，该地址才能被分配给其他客户机使用。

3. 动态分配

DHCP 服务器为 DHCP 客户机分配具有一定有效期的 IP 地址。如果客户机没有及时续约，到达使用期限后，此地址可能会被其他客户机使用。绝大多数客户机得到的都是这种动态分配的地址。

在这 3 种方式中，只有动态分配的方式可以对已经分配给主机但现在主机已经不用的 IP 地址重新加以利用。在给一台临时连入网络的主机分配地址或者在一组不需要永久的 IP 地址的主机中共享一组有限的 IP 地址时，动态分配显得特别有用。另外，当一台新主机要永久的接入一个网络，而网络的 IP 地址非常有限时，为了将来这台主机被淘汰时能回收 IP 地址，动态分配将是一个很好的选择。

在 DHCP 环境中，DHCP 服务器为 DHCP 客户机分配 IP 地址时采用的一个基本原则就是尽可能地为客户机分配原来使用的 IP 地址。在实际使用过程中会发现，当 DHCP 客户机重新启动后，它能够获得相同的 IP 地址。DHCP 服务器为 DHCP 客户机分配 IP 地址时采用如下的先后顺序：

（1）DHCP 服务器数据库中与 DHCP 客户机的 MAC 地址静态绑定的 IP 地址。

（2）DHCP 客户机曾经使用过的地址。

（3）最先找到的可用的 IP 地址。

如果未找到可用的 IP 地址，则依次查询超过租期、发生冲突的 IP 地址，如果找到，则进行分配，否则报告错误。

16.3　DHCP 报文

DHCP 主要协议报文有 8 种，其中 DHCP Discover、DHCP Offer、DHCP Request、DHCP Ack 和 DHCP Release 5 种报文在 DHCP 交互过程中比较常见；而 DHCP Nak、DHCP Decline 和 DHCP Inform 3 种报文则较少使用。

（1）DHCP Discover 报文：DHCP 客户机系统初始化完毕后第一次向 DHCP Server 发送的请求报文，该报文通常以广播的方式发送。

（2）DHCP Offer 报文：DHCP Server 对 DHCP Discover 报文的回应报文，采用广播或单播方式发送。该报文中会包含 DHCP 服务器要分配给 DHCP 客户机的 IP 地址、掩码、网关等网络参数。

（3）DHCP Request 报文：DHCP Client 发送给 DHCP Server 的请求报文，根据 DHCP Client 当前所处的不同状态采用单播或者广播的方式发送。完成的功能包括 DHCP Server 选择及租期更新等。

（4）DHCP Release 报文：当 DHCP Client 想要释放已经获得的 IP 地址资源或取消租期时，将向 DHCP Server 发送 DHCP Release 报文，采用单播方式发送。

（5）DHCP Ack/Nak 报文：这两种报文都是 DHCP Server 对所收到的 Client 请求报文的一个最终的确认。当收到的请求报文中各项参数均正确时，DHCP Server 就回应一个 DHCP Ack 报文，否则将回应一个 DHCP Nak 报文。

（6）DHCP Decline 报文：当 DHCP Client 收到 DHCP ACK 报文后，它将对所获得的 IP 地址进行进一步确认，通常利用免费 ARP 进行确认，如果发现该 IP 地址已经在网络上使用，那么它将通过广播方式向 DHCP Server 发送 DHCP Decline 报文，拒绝所获得的这个 IP 地址。

（7）DHCP Inform 报文：当 DHCP Client 通过其他方式（如手工指定）已经获得可用的 IP 地址时，如果它还需要向 DHCP Server 索要其他的配置参数时，它将向 DHCP Server 发送 DHCP Inform 报文进行申请，DHCP Server 如果能够对所请求的参数进行分配的话，那么将会单播回应 DHCP Ack 报文，否则不进行任何操作。

16.4　DHCP 工作过程

当 DHCP Client 接入网络后第一次进行 IP 地址申请时，DHCP Server 和 DHCP Client 将完成以下的信息交互过程，如图 16-3 所示。

第一步：DHCP Client 在它所在的本地物理子网中广播一个 DHCP Discover 报文，目的是寻找能够分配 IP 地址的 DHCP Server。此报文可以包含 IP 地址和 IP 地址租期的建议。

第二步：本地物理子网的所有 DHCP Server 都将通过 DHCP Offer 报文来回应 DHCP Discover 报文。DHCP Offer 报文中包含了可用网络地址和其他 DHCP 配置参数。当 DHCP

Server 分配新的地址时，应该确认提供的网络地址没有被其他 DHCP Client 使用（DHCP Server 可以通过发送指向被分配地址的 ICMP Echo Request 来确认被分配的地址没有被使用），再发送 DHCP Offer 报文给 DHCP 客户端。

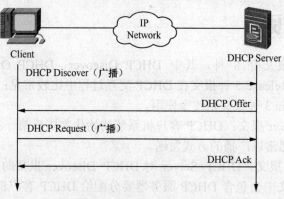

图 16-3　同网段的工作过程

　　第三步：DHCP Client 收到一个或多个 DHCP Server 发送的 DHCP Offer 报文后将从多个 DHCP Server 中选择其中一个，并且广播 DHCP Request 报文来表明哪个 DHCP Server 被选择，同时也可以包括其他配置参数的期望值。如果 DHCP Client 在一定时间后依然没有收到 DHCP Offer 报文，那么它就会重新发送 DHCP Discover 报文。

　　第四步：DHCP Server 收到 DHCP Client 发送的 DHCP Request 报文后，发送 DHCP ACK 报文做出回应，其中包含 DHCP Client 的配置参数。DHCP Ack 报文中的配置参数不能和早前相应 DHCP Client 的 DHCP Offer 报文中的配置参数有冲突。如果因请求的地址已经被分配等情况导致被选择的 DHCP Server 不能满足需求，DHCP Server 应该回应一个 DHCP Nak 报文。

　　当 DHCP Client 收到包含配置参数的 DHCP Ack 报文后，会发送免费 ARP 报文进行探测，目的地址为 DHCP Server 指定分配的 IP 地址，如果探测到此地址没有被使用，那么 DHCP Client 就会使用此地址并且配置完毕。

　　如果 DHCP Client 客户端探测到地址已经被分配使用，DHCP Client 会发送 DHCP Decline 报文给 DHCP Server，并且重新开始 DHCP 进程。另外，如果 DHCP Client 收到 DHCP Nak 报文，DHCP Client 也将重新启动 DHCP 进程。

　　当 DHCP Client 选择放弃它的 IP 地址或者租期时，它将向 DHCP Server 发送 DHCP Release 报文。

　　DHCP Client 在从 DHCP Server 获得 IP 地址的同时，也获得了这个 IP 地址的租期。所谓租期就是 DHCP Client 可以使用响应 IP 地址的有效期，租期到期后 DHCP Client 必须放弃该 IP 地址的使用权并重新进行申请。为了避免上述情况，DHCP Client 必须在租期到期之前重新进行更新，延长该 IP 地址的使用期限，如图 16-4 所示。

　　当 DHCP Server 和 DHCP Client 处于不同的网段时，跨网段的工作过程如图 16-5 所示。

　　第一步：具有 DHCP Relay 功能的网络设备收到 DHCP Client 以广播方式发送的 DHCP Discover 或 DHCP Request 报文后，根据配置将报文单播转发给指定的 DHCP Server。

　　第二步：DHCP Server 进行 IP 地址的分配，并通过 DHCP Relay 将配置消息广播发送给客户端，完成网络地址的动态配置。

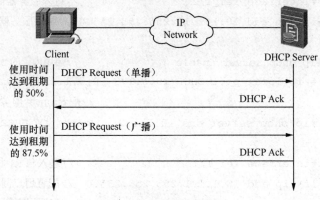

图 16-4　同网段更新租约

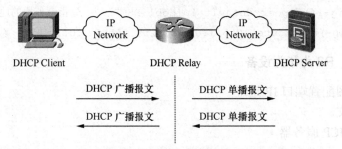

图 16-5　跨网段的工作过程

16.5　DHCP 配置实例

目标：

通过 DHCP 的配置，使某公司所有主机都可以自动获取 IP 地址。

拓扑图：

本实例的网络拓扑如图 16-6 所示。

配置步骤：

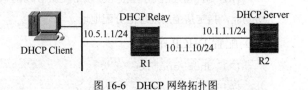

图 16-6　DHCP 网络拓扑图

1．如果 R1、R2 为中兴设备

```
R1:
R1(config)#ip dhcp relay enable                  //启用内置的 DHCP 中继进程
R1(config)#interface fei_1/1                     //进入用户侧接口
R1(config-if)#ip add 10.5.1.1 255.255.255.0  //配置用户侧接口地址
R1(config-if)#user-inteface                      //配置用户侧接口标志
R1(config-if)#ip dhcp relay agent 10.5.1.1    //配置接口的 DHCP 代理地址
R1(config-if)#ip dhcp relay server 10.1.1.1   //配置接口的外部 DHCP 服务
器地址
```

```
R1(config)#interface fei_1/2                    //进入服务器侧接口
R1(config-if)#ip add 10.1.1.10 255.255.255.0 //配置服务器侧接口地址
R2:
R2(config)#ip dhcp server enable                //启用内置的 DHCP 服务器进程
R2(config)# ip local pool DHCP 10.5.1.3 10.5.1.254 255.2 55. 255.0
                                        //配置 DHCP 服务器的 IP 地址池
R2(config)#ip dhcp server dns 10.5.1.2          //设置 DHCP 服务器返回给用
户的 DNS 地址
R2(config)#interface fei_1/1                     //进入与 R1 相连接口
R2(config-if)#ip add 10.1.1.1 255.255.255.0 //配置用户侧接口地址
R2(config-if)#user-inteface                     //配置用户侧接口标志
R2(config-if)#ip dhcp server gateway 10.5.1.1 //配置接口的 DHCP 网关地址
R2(config-if)# peer default ip pool DHCP        //指定使用的地址池
R2(config-)#ip route 10.5.1.0  255.255.255.0  10.1.1.10  //配置静态路由
```

2．如果 R1、R2 为华为设备

（1）按拓扑图配置端口 IP 地址
配置参照前文。

（2）配置 DHCP 服务器

```
[R2]dhcp enable                                 //使能 DHCP 功能
[R2]ip pool 1                                   //创建 DHCP 地址池
[R2-ip-pool-1]network 10.5.1.0 mask 255.255.255.0 //指明地址池地址范围
[R2-ip-pool-1]gateway-list 10.1.1.1             //指明服务器网管地址
[R2-ip-pool-1]excluded-ip-address 10.5.1.1 10.5.1.2
[R2-GigabitEthernet0/0/0]dhcp select global     //使能端口的 DHCP 服
务功能，指定从全局地址池分配地址
```

（3）配置 DHCP 中继

```
[R1]dhcp enable
[R1] dhcp server group 1                         //创建一个 DHCP 服务器组
 [R1-dhcp-server-group-1]dhcp-server 10.1.1.1    // DHCP 服务器组中
添加 DHCP 服务器
[R1]interface Ethernet 1/0
[R1-Ethernet1/0]dhcp select relay               //使能 DHCP Relay 功能
[R1-Ethernet1/0]dhcp relay server-select 1       //配置 DHCP 中继所对
应的 DHCP 服务器组
```

（4）客户端配置
各 PC 地址获取方式设置为自动获取。
测试：
PC 可自动获取 IP 地址，在 cmd 窗口使用 ipconfig /all 命令查看，如图 16-7 所示。

图 16-7　PC 自动获取 IP 地址

 习题

1．什么是 DHCP？DHCP 的主要作用是什么？

2．DHCP 有哪些组网方式？

3．DHCP Server 具有哪些功能？

4．DHCP Relay 有什么作用？

5．DHCP Client 需要进行哪些配置？

6．DHCP Server 支持哪些类型的地址分配方式？

7．DHCP 的报文有哪些类型？

8．请描述同网段时通过 DHCP 获得 IP 地址的工作过程。

9．请描述不同网段时通过 DHCP 获得 IP 地址的工作过程。

10．简述 IP 地址续租时报文交互过程。

第 17 章

NAT 技术

【学习目标】

掌握私有地址的范围

理解 NAT 的作用（重点）

理解地址转换的过程（难点）

掌握基本地址转换与端口地址转换的区别（难点）

掌握 NAT 的配置

关键词： 私有地址；NAT；地址转换

17.1 NAT 概述

随着 Internet 的爆发式增长，IPv4 地址越来越成为一种稀缺资源。IPv6 技术是解决 IPv4 地址空间不足的根本方法。但是由于 IPv4 技术的普及，Internet 从 IPv4 过渡到 IPv6 是一个漫长的过程。NAT 技术正是在这样的背景下产生的。

NAT 的全称是网络地址转换（Network Address Translation），是将 IP 数据报报头中的 IP 地址转换为另一个 IP 地址的过程，主要用于实现内部网络（私有 IP 地址）访问外部网络（公有 IP 地址）的功能。

在实际应用中，内部网络一般使用私有地址。以下 3 个 IP 地址块为私有地址：

A 类 10.0.0.0～10.255.255.255（10.0.0.0/8）、B 类 172.16.0.0～172.31.255.255（172.16.0.0/12）、C 类 192.168.0.0～192.168.255.255（192.168.0.0/16）。

上述 3 个范围内的地址不会在 Internet 上被分配，因而可以不必向 ISP（Internet Service Provider）或注册中心申请而在公司或企业内部自由使用。不同的私有网络可以有相同的私有网段。但私有地址不能直接出现在公网上，当私有网络内的主机要与位于公网上的主机进行通信时必须经过地址转换，将其私有地址转换为合法公网地址才能对外访问。

NAT 主要用于实现私有网络访问外部网络的功能。通过应用 NAT，能够使多数的私有 IP 地址转换为少数的公有 IP 地址，减缓可用 IP 地址空间枯竭的速度。同时，使用 NAT 也使企业内部的地址隐藏于 Internet 外面，客观上对企业内部网络提供了一种安全保护。

17.2 基本地址转换

基本地址转换是最简单的一种地址转换方式，它只对数据包的 IP 层参数进行转换，如图 17-1 所示。

NAT 服务器处于私有网络和公有网络的连接处，内部 PC 与外部服务器的交互报文全部通过该 NAT 服务器。地址转换的过程如下：

（1）内部 PC（192.168.1.3）发往外部服务器（202.120.10.2）的数据报 1 到达 NAT 服务器后，NAT 服务器查看报头内容，发现该数据报为发往外部网络的报文。

（2）NAT 服务器将数据报 1 的源地址字段的私有地址 192.168.1.3 换成一个可在 Internet 上选路的公有地址 202.169.10.1，形成数据报 1'发送到外部服务器，同时在网络地址转换表中记录这一地址转换映射。

（3）外部服务器收到数据报 1'后，向内部 PC 发送应答数据报 2'，初始目的地址为 202.169.10.1。

（4）数据报 2'到达 NAT 服务器后，NAT 服务器查看报头内容，查找当前网络地址转换表的记录，用私有地址 192.168.1.3 替换目的地址，形成数据报 2 发送给内部 PC。

上述的 NAT 过程对 PC 和外部服务器来说是透明的。内部 PC 认为与外部服务器的交互报文没有经过 NAT 服务器的干涉；外部服务器认为内部 PC 的 IP 地址就是 202.169.10.1，并不知道存在 192.168.1.3 这个地址。

图 17-1　基本地址转换

17.3　网络端口地址转换

基本地址转换过程是一对一的地址转换，即一个公网地址对应一个私网地址，实际上并没用解决公网地址不够用的问题。在实际使用中更多地采用网络端口地址转换 NAPT（Netwotk Address Port Translation）模式，如图 17-2 所示。

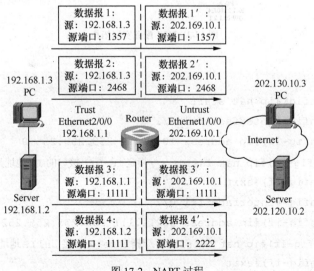

图 17-2　NAPT 过程

在 NAPT 的处理过程中，可能有多台内部主机同时访问外部网络，数据包的源地址不同，但源端口相同，或者据包的源地址相同，但源端口不同。当数据包经过 NAT 设备时，NAT 设备转换原有源地址为同一个源地址（公网地址），而源端口也被替换为不同的端口号。并且，NAT 设备会自动记录下地址转换的映射关系，当公网数据包返回时，按照记录的对应关系将地址、端口再转换回私网地址和端口，实现了"多对一的映射"。

17.4　NAT 配置实例

目标：

在 RouterA 上配置动态 NAT，实现利用一个公网 IP 支持私网终端访问公网的功能。

拓扑图：

NAT 配置实例的连接拓扑如图 17-3 所示。

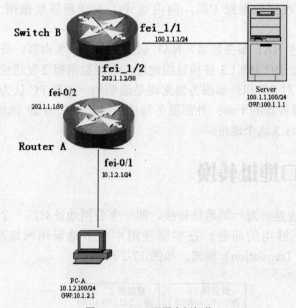

图 17-3　NAT 配置实例拓扑

配置步骤：

```
Router A:
Router(config)#ip nat start
Router(config)#interface fei_0/1
Router(config-if)#ip address 10.1.2.1 255.255.255.0
Router(config-if)#ip nat inside  //指定 fe-0/1 接口的 IP 地址为 NAT 内部接口
Router(config-if)#exit
Router(config)#interface fei_0/2
Router(config-if)#ip address 202.1.1.1 255.255.255.252
Router(config-if)#ip nat outside  //指定 fe-0/2 接口的 IP 地址为 NAT 外部接口
Router(config-if)#exit
```

```
Router(config)#acl standard number 10
Router(config)#rule 1 permit 10.1.0.0 0.0.255.255   //配置 ACL, 列表号
```
为 10, 匹配从源地址段 10.1.0.0 网段发出的数据包
```
Router(config)#ip nat pool pool1 202.1.1.9 202.1.1.10 prefix-length 30
```
//配置名为 test-zte 的地址池, 将合法的外部地址段 202.1.1.9 至 202.1.1.10 加入地址池
```
Router(config)#ip nat inside source list 10 pool pool1 overload   //
```
配置 NAT 转换语句, 将内网的符合 ACL 1 的数据包的源地址转换地址 test-zte 中的地址,
并且为多载方式
```
Router(config)#ip route 100.1.1.0 255.255.255.0 202.1.1.2
```

Switch B:

1. 配置端口的 IP 地址

参考 9.6.3 小节三层交换配置实例。

2. 配置静态路由

```
SwitchB(config)#ip route 0.0.0.0 0.0.0.0 202.1.1.1
```

测试:

1. 用 Ping 命令检查连通性

PC1 能够 Ping 通 Server。

2. 查看相应 NAT 转换表

```
Router#show ip nat translations
```

 习题

1. NAT 是如何定义的?
2. NAT 的主要作用是什么?
3. 私有地址范围有哪些?
4. 基本地址转换是如何实现的?
5. 网络端口地址转换与基本地址转换有哪些不同?
6. 什么是多对一映射?
7. 请描述端口地址转换的工作过程。
8. 简述 NAT 的配置流程。
9. NAT 配置中 ACL 起什么作用?
10. 地址池是如何进行配置的?

第 18 章

防火墙技术

【学习目标】
了解防火墙的作用与类型
理解安全区域的概念（重点）
掌握安全区域的划分
掌握端口、网络和安全区域关系（难点）
掌握防火墙的基本配置（难点）
关键词：防火墙；安全区域划分；防火墙配置

18.1 防火墙概述

目前，保护网络安全的主要手段就是构筑防火墙。防火墙是在内部网和互联网之间构筑的一道屏障，用以保护内部网中的信息、资源等不受来自互联网中非法用户的侵犯，也可以控制内部网与 Internet 之间的数据流量。它可以是软件、硬件或是软硬件的结合，其目的是保护网络不被外部网络侵犯。它可通过监测、限制、更改跨越防火墙的数据流，尽可能地对外部屏蔽网络内部的信息、结构和运行状况，以此来实现网络的安全保护。

防火墙的安全策略有以下两种：

（1）凡是没有被列为允许访问的服务都是被禁止的。

（2）凡是没有被列为禁止访问的服务都是被允许的 。

防火墙的作用就是确保 Internet 和用户的内部网所交换信息的安全。通常，防火墙就是位于内部网或 Web 站点与因特网之间的一个路由器或一台计算机。如同一个安全门，为门内的部门提供安全，控制那些被允许出入该受保护环境的人或物。

防火墙的基本思想不是对每台主机系统进行保护，而是让所有对系统的访问通过某一点，并且保护这一点，并尽可能地对外界屏蔽保护网络的信息和结构。它设置在可信任的内部网络和不可信任的外界之间，可以实施比较广泛的安全政策来控制信息流，防止不可预料的潜在的入侵破坏。

根据具体的实现技术，防火墙常被分为包过滤防火墙、代理服务器型防火墙和状态检测防火墙。

1. 包过滤防火墙

包过滤防火墙的基本原理是：通过配置 ACL 实施数据包的过滤。实施过滤主要是基于数据包中的 IP 层所承载的上层协议的协议号、源/目的 IP 地址、源/目的端口号和报文传递的方向等信息。

这种技术实现起来最为简单，但是要求管理员定义大量的规则，而当规则定义多了之后，往往会影响设备的转发性能。

2．代理服务器型防火墙

代理服务器的功能主要在应用层实现。当代理服务器收到一个客户的连接请求时，先核实该请求，然后将处理后的请求转发给真实服务器，在接受真实服务器应答并做进一步处理后，再将回复交给发出请求的客户。代理服务器在外部网络和内部网络之间，发挥了中间转接的作用。

使用代理服务器型防火墙的好处是，它可以提供用户级的身份认证、日志记录和帐号管理，彻底分隔外部与内部网络。但是，所有内部网络的主机均需通过代理服务器主机才能获得 Internet 上的资源，因此会造成使用上的不便，而且代理服务器很有可能会成为系统的"瓶颈"。

3．状态检测防火墙

状态检测防火墙是包过滤防火墙的扩展，它不仅仅把数据包作为独立单元进行 ACL 检查和过滤，同时也考虑前后数据包的应用层关联性。状态检测防火墙使用各种状态表来监控 TCP/UDP 会话，由 ACL 表来决定哪些会话允许建立，只有与被允许会话相关联的数据包才被转发。同时状态防火墙针对 TCP/UDP 会话，分析数据包的应用层状态信息，过滤不符合当前应用层状态的数据包。状态检测防火墙结合了包过滤防火墙和代理防火墙的优点，不仅速度快，而且安全性高。

18.2　防火墙的安全区域

安全区域（Zone）是防火墙产品所引入的一个安全概念，是防火墙产品区别于路由器的主要特征。

对于路由器，各个端口所连接的网络在安全上可以视为是平等的，没有明显的内外之分，所以即使进行一定程度的安全检查，也是在端口上完成的。这样，一个数据流单方向通过路由器时有可能需要进行两次安全规则的检查（入端口的安全检查和出端口的安全检查），以便使其符合每个端口上独立的安全定义。而这种思路对于防火墙来说不很适合，因为防火墙所承担的责任是保护内部网络不受外部网络上非法行为的侵害，因而有着明确的内外之分。

当一个数据流通过防火墙的时候，其发起方向的不同，所引起的操作是截然不同的。由于这种安全级别上的差别，再采用在端口上检查安全策略的方式已经不适用，将造成用户在配置上的混乱。因此，防火墙提出了安全区域的概念。

一个安全区域包括一个或多个端口的组合，具有一个安全级别。在设备内部，安全级别通过 0～100 的数字来表示，数字越大表示安全级别越高，不存在两个具有相同安全级别的区域。只有当数据在分属于两个不同安全级别的区域（或区域包含的端口）之间流动的时候，才会激活防火墙的安全规则检查功能。数据在属于同一个安全区域的不同端口间流动时不会引起任何检查。

防火墙上保留 4 个安全区域，如图 18-1 所示。

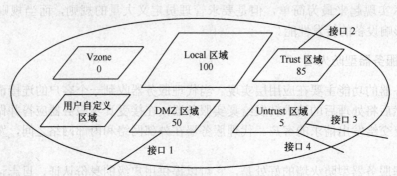

图 18-1　防火墙安全区域划分

（1）非受信区（Untrust）：低级的安全区域，其安全优先级为 5。

（2）非军事化区（DMZ）：中度级别的安全区域，其安全优先级为 50。

（3）受信区（Trust）：较高级别的安全区域，其安全优先级为 85。

（4）本地区域（Local）：最高级别的安全区域，其安全优先级为 100。

此外，如果有必要，还可以自行设置新的安全区域并定义其安全优先级别。

DMZ（De Militarized Zone，非军事化区）这一术语起源于军方，指的是介于严格的军事管制区和松散的公共区域之间的一种有着部分管制的区域。防火墙引用了这一术语，指代一个逻辑上和物理上都与内部网络和外部网络分离的区域。通常部署网络时，将那些需要被公共访问的设备（如 WWW Server、FTP Server 等）放置于此。因为将这些服务器放置于外部网络则它们的安全性无法保障；放置于内部网络，外部恶意用户则有可能利用某些服务的安全漏洞攻击内部网络。因此，DMZ 区域的出现很好地解决了这些服务器的放置问题。

除了 Local 区域以外，在使用其他所有安全区域时，需要将安全区域分别与防火墙的特定端口相关联，即将端口加入到区域。系统不允许两个安全区域具有相同的安全级别，并且同一端口不可以分属于两个不同的安全区域。安全区域与各网络的关联遵循下面的原则：内部网络应安排在安全级别较高的区域；外部网络应安排在安全级别最低的区域；一些可对外部提供有条件服务的网络应安排在安全级别中等的 DMZ 区。

具体来说，Trust 所属端口连接用户要保护的网络；Untrust 所属端口连接外部网络；DMZ 区所属端口连接用户向外部提供服务的部分网络；从防火墙设备本身发起的连接即是从 Local 区域发起的连接。相应的所有对防火墙设备本身的访问都属于向 Local 区域发起访问连接。端口、网络和安全区域关系如图 18-2 所示。

不同级别的安全区域间的数据流动将激发防火墙进行安全策略的检查，并且可以为不同流动方向设置不同的安全策略。域间的数据流分两个方向：

（1）入方向（Inbound）：数据由低级别的安全区域向高级别的安全区域传输的方向。

（2）出方向（Outbound）：数据由高级别的安全区域向低级别的安全区域传输的方向。

在防火墙上，判断数据传输是出方向还是入方向，总是相对高安全级别的一侧而言。根据图 18-2 所示，可以得到如下结论：

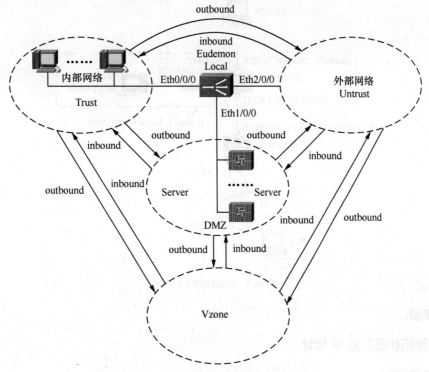

图 18-2　端口、网络和安全区域关系示意图

（1）从 DMZ 区到 Untrust 区域的数据流为出方向，反之为入方向；

（2）从 Trust 区域到 DMZ 区的数据流为出方向，反之为入方向；

（3）从 Trust 区域到 Untrust 区域的数据流为出方向，反之为入方向。

路由器上数据流动方向的判定是以端口为主：由端口发送的数据方向称为出方向；由端口接收的数据方向称为入方向。这也是路由器有别于防火墙的重要特征。

在防火墙中，当报文从高优先级区域向低优先级区域发起连接时，即从 Trust 区域向 Untrust 区域和 DMZ 区发起数据连接，或 DMZ 区域向 Untrust 区域发起连接时，必须明确配置默认过滤规则。

18.3　防火墙配置实例

目标：

在防火墙上启动 NAT，利用唯一的公网 IP 提供端口复用，保证全公司内网用户可通过一个 IP 地址访问 Internet。防火墙上配置 NAT Server，保证来自 Internet 的访客可以访问到 Web Server。

拓扑图：

本实例的网络拓扑如图 18-3 所示。

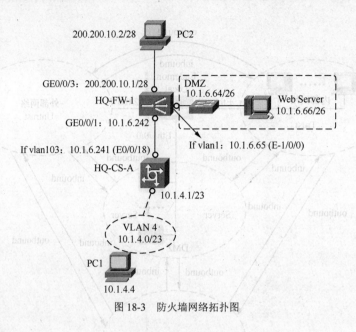

图 18-3　防火墙网络拓扑图

配置步骤：

1. 按照拓扑图配置 IP 地址

配置参照前文。

2. 将 Eudemon 各端口加入相应的安全区域

```
[Eudemon] firewall zone trust
[Eudemon-zone-trust] add interface vlanif 2
[Eudemon] firewall zone untrust
[Eudemon-zone-untrust] add interface vlanif 3
[Eudemon] firewall zone DMZ
[Eudemon-zone-DMZ] add interface vlanif 1
```

3. 开启域间包过滤规则

```
[Eudemon] firewall packet-filter default permit all
```

4. 配置应用于 Trust-Untrust 域间的 NAT 地址池

```
[Eudemon] nat address-group 1  200.1.1.1  200.1.1.1
```

5. 配置 NAT Outbound

```
[Eudemon] nat-policy interzone trust untrust outbound
[Eudemon-nat-policy-interzone-trust-untrust-outbound] policy 1
[Eudemon-nat-policy-interzone-trust-untrust-outbound-1] policy source
10.1.4.0 0.0.3.255
```

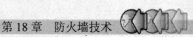

```
[Eudemon-nat-policy-interzone-trust-untrust-outbound-1] action
source-nat
    [Eudemon-nat-policy-interzone-trust-untrust-outbound-1] address-group 1
```

6. 配置 NAT Server

```
[Eudemon] at server 0 zone untrust global 200.200.10.1 inside 10.1.6.66
```

7. 配置静态路由

配置参照前文。
测试：

1. 用 Ping 命令检查连通性

PC1 能够 Ping 通 PC2，PC2 能够 Ping 通 HQ-FW-1 直连端口。

2. 在防火墙上查看相应 NAT 转换表

```
[Eudemon]disaplay firewall session table
```

 习题

1. 防火墙有哪几种分类？
2. 防火墙的安全策略有哪些？
3. 什么是安全区域？安全区域有哪些划分方式？
4. 请描述端口、网络和安全区域关系。
5. 什么是入方向？什么是出方向？

第六篇

综合项目应用

第 19 章

综合项目应用分析

【项目需求】

本篇以图 19-1 所示项目为实例，将此项目划分为 6 个任务，每个任务完成主拓扑图的一部分，最终将各任务整合在一起，完成整体项目要求。

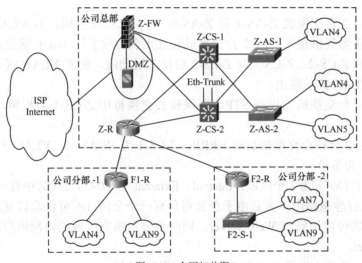

图 19-1　全网拓扑图

图 19-1 为某公司网络拓扑图，整个公司分为 3 部分，即公司总部（Z）、两个分支机构公司分部-1 和公司分部-2，项目的总体目标是实现整个公司内的主机网络互通，并且使得公司内用户能够访问 Internet。

总部中有 10 台设备，分别为路由器（Z-R）、2 台核心交换机（Z-CS-1 和 Z-CS-2）、2 台二层交换机（Z-AS-1 和 Z-AS-2）、1 台防火墙（Z-FW）、1 台 Web 服务器和 3 台主机。

两个分支机构的拓扑比较简单，均包含 1 台路由器和 1 台二层交换机。项目设备类型及版本见表 19-1。

表 19-1　　　　　　　　　　　　　　　项目设备类型及版本

设 备 类 型	设 备 型 号	VRP 版本
路由器	AR2200 Series AR1200 Series	Version 5.90
交换机	Quidway S3300 Series Quidway S2300 Series	Version 5.70 Version 5.30
防火墙	Eudemon 200E	Version 5.30

项目需求如下：

（1）全网利用 172.16.4.0/22 网段合理配置 IP 地址。

（2）总部、两个分支机构内部不同部门之间通过 VLAN 实现隔离。

（3）总部与两个分支机构相连，全网通过动态路由协议，维护全公司的内网环境的路由。

（4）总部有 2 台核心交换机，通过 STP 及 VRRP，为内网提供二层及三层的冗余。

（5）防火墙作为公司的互连网出口处的安全网关，使用仅有的一个公网 IP 地址，保护全公司内网用户访问 Internet 的数据流量，并保证 DMZ 区域内的 Web 服务器，能对外提供 WWW 服务。

【业务功能分析】

1. 总部方面

（1）VLAN：2 台交换机 Z-AS-1 和 Z-AS-2，作为二层交换机，为 VLAN 4 中的 PC 及 VLAN5 中的服务器提供接入；这 2 台交换机通过冗余的双上行 Trunk 链路，连接 2 台核心交换机 Z-CS-1 和 Z-CS-2。Z-CS-1 和 Z-CS-2 启动三层功能，配置 VLAN 端口，作为 VLAN 的网关，提供 VLAN 间的路由。

（2）STP：4 台交换机均启动 STP，确保核心交换机中 Z-CS-1 为根桥，Z-CS-2 为备份根桥。

（3）VRRP：2 台核心交换机启动 VRRP，Z-CS-1 为 VLAN 4、VLAN 5、VLAN 200 的主设备，Z-CS-2 为备份。

（4）防火墙：FW 分为 3 个区域：Internal、External 和 DMZ，DMZ 中有一 Web Server。

FW 上只运行静态路由，并且由于全公司只有一个公网 IP 可供端口复用，需要保证来自 Internet 的访客可以访问到 Web Server，同时全公司所有区域的内网用户需要通过同一个 IP 访问到 Internet。

（5）DHCP：总部主机通过 DHCP 服务器获得 IP 地址。

2. 分支机构

（1）VLAN：两分支机构各划分两个 VLAN，并实现 VLAN 间通信。

（2）网络互连：Z-R、Z-CS-1 和 Z-CS-2 运行 OSPF 协议，在骨干区域 Area0 中，Z-R 为 ABR 连接两个分支机构，Z-CS-1 作为 ASBR，配置静态缺省路由指向 FW，并发布缺省路由到所有的 OSPF 区域中。

【任务分解】

（1）合理规划 IP 地址，填写端口列表，配置 IP 地址。

（2）总部 2 台核心交换机之间实现链路聚合。

（3）总部交换机启用 STP，实现二层冗余，Z-CS-1 为根桥，Z-CS-2 为备份根桥。

（4）总部 2 台核心交换机，启动 VRRP，Z-CS-1 为 VLAN 4、VLAN 5、VLAN 200 的主设备，Z-CS-2 为备份。

（5）合理划分总部和各分支机构的 VLAN。公司分部 1 中 VLAN 之间以三层交换方式互通。公司分部 2 中 VLAN 之间以单臂路由方式互通。

（6）Z-R、Z-CS-1 和 Z-CS-2 运行 OSPF 协议，在骨干区域 Area0 中，Z-R 为 ABR 连接两个分支机构。Z-CS-1 作为 ASBR，配置静态缺省路由指向 FW，并发布缺省路由到所有的 OSPF 区域中。

（7）防火墙上合理配置静态路由。

（8）防火墙上启动 NAT，利用唯一的公网 IP 提供端口复用，保证全公司内网用户可通过一个 IP 访问 Internet。防火墙上配置 NAT Server，保证来自 Internet 的访客可以访问到 Web Server。

（9）全网内主机都可通过 DHCP 获得 IP 地址。

19.1 网络基础部分项目实现

19.1.1 网络地址规划

任务目标：

在 IP 网络中，为了确保 IP 数据报的正确传输，必须为网络中的每一台主机分配一个全局唯一的 IP 地址。因此，在组建一个 IP 网络之前首先要考虑 IP 地址的规划。本次任务的目标是合理规划 IP 地址。在分配地址前设计结构化的地址模块；预留空间，以便今后的发展；IP 地址规划应以表格方式记录下来，以便实施。

任务实施步骤：

该公司获得的 IP 地址为 172.16.4.0/22，把这个网络地址划分成了 N 个大小不等的子网，用于满足网络的需求。

（1）首先将 172.16.4.0/22 等分为 2 个子网，其中一个子网划分给 Z-VLAN 4，另一个子网继续拆分，如图 19-2 所示。

（2）将 172.16.6.0/23 等分为 2 个子网，其中 172.16.6.0/24 划分给总部除 VLAN 4 部分，另一个子网 172.16.7.0/24 划分给分部，并继续拆分，如图 19-3 所示。

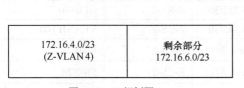

图 19-2 IP 规划图-1

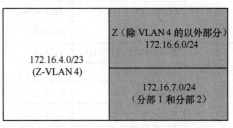

图 19-3 IP 规划图-2

（3）172.16.6.0/24 等分为 4 个子网，其中 172.16.6.0/26 划分给 VLAN 5，172.16.6.64/26 划分给 DMZ 区域，172.16.6.128/26 预留，172.16.6.192/26 划分给 NM 和 Link，如图 19-4 所示。

（4）将 172.16.7.0/24 等分为 2 个子网，其中 172.16.7.0/25 分配给公司分部 1，172.16.7.128/25 分配给公司分部 2，如图 19-5 所示。

172.16.4.0/23 （Z-VLAN 4）	172.16.6.0/26 （VLAN5）	172.16.6.64/26 （DMZ 区域）
	172.16.6.128/26 （预留）	172.16.6.192/26 （NM、Link）
	172.16.7.0/24 （分部 1 和分部 2）	

图 19-4　IP 规划图-3

172.16.4.0/23 （Z-VLAN 4）	172.16.6.0/26 （VLAN 5）	172.16.6.64/26 （DMZ 区域）
	172.16.6.128/26 （预留）	172.16.6.192/26 （NM、Link）
	172.16.7.0/25 （分部 1）	172.16.7.128/25 （分部 2）

图 19-5　IP 规划图-4

（5）然后针对各个分部，进行详细子网划分。

端口 IP 地址规划记录表见表 19-2 网关规划记录表见表 19-3。

表 19-2　　　　　　　　　　　　端口 IP 地址规划记录表

设　备	端　　口	描　述	IP	对端设备	对端端口
F1-R	（E0/0/1）VLANIF 4	To VLAN 4	172.16.7.1/26	PC	
	（E0/0/2）VLANIF 9	To VLAN 9	172.16.7.65/27	PC	
	GE0/0/1	To Z-R	172.16.6.234/30	Z-R	S1/0/0
	LoopBack0	测试端口	172.16.6.212/32		
F2-S-1	E0/0/1	VLAN 7	二层 Access 口	PC	
	E0/0/24	To F2-R	二层 Trunk 端口	F2-R	E0/1
	E0/0/2	VLAN 9	二层 Access 口	PC	
F2-R	GE0/0/0.7	To F2-S-1	172.16.7.129/27	F2-S-1	E0/0/24
	GE0/0/0.9	To F2-S-1	172.16.7.193/26	F2-S-1	E0/0/24
	GE0/0/1	To Z-R	172.16.6.238/30	Z-R	S2/0/0
	LoopBack0	测试端口	172.16.6.213/32		
Z-R	GE0/0/3	To F1-R	172.16.6.233/30	F1-R	S1/0/0
	GE0/0/4	To F2-R	172.16.6.237/30	F2-R	S2/0/0
	GE0/0/0	To Z-CS-1	172.16.6.226/30	Z-CS-1	E0/0/1(VLANIF 101)
	GE0/0/1	To Z-CS-2	172.16.6.230/30	Z-CS-2	E0/0/1(VLANIF 102)
	LoopBack0	测试端口	172.16.6.211/32		
Z-CS-1	E0/0/1(VLANIF101)	To Z-R	172.16.6.225/30	Z-R	GE0/0/0
	VLANIF100	To Z-CS-2	172.16.6.245/30	Z-CS-2	VLANIF100
	E0/0/23	To Z-CS-2	二层 Trunk 端口	Z-CS-2	E0/0/23
	E0/0/24	To Z-CS-2	二层 Trunk 端口	Z-CS-2	E0/0/24
	E0/0/9	To Z-AS-1	二层 Trunk 端口	Z-AS-1	E0/0/23
	E0/0/10	To Z-AS-2	二层 Trunk 端口	Z-AS-2	E0/0/23
	VLANIF4	VLAN4	172.16.4.2/23		
	VLANIF5	VLAN5	172.16.6.2/26		
	VLANIF200	NM	172.16.6.194/28		
	E0/0/18(VLANiF 103)	To Z-FW	172.16.6.241/30	Z-FW	E1/0/1
	LoopBack0	测试端口	172.16.6.209/32		

设　备	端　　口	描　　述	IP	对 端 设 备	对 端 端 口
Z-CS-2	E0/0/1(VLANIF102)	To Z-R	172.16.6.229/30	Z-R	GE0/0/1
	VLANIF100	To Z-CS-1	172.16.6.246/30	Z-CS-1	VLANIF100
	E0/0/23	To Z-CS-1	二层 Trunk 端口	Z-CS-1	E0/0/23
	E0/0/24	To Z-CS-1	二层 Trunk 端口	Z-CS-1	E0/0/24
	E0/0/10	To Z-AS-2	二层 Trunk 端口	Z-AS-2	E0/0/24
	E0/0/9	To Z-AS-1	二层 Trunk 端口	Z-AS	E0/0/24
	VLANIF 4	VLAN 4	172.16.4.3/23		
	VLANIF 5	VLAN 5	172.16.6.3/26		
	VLANIF 200	NM	172.16.6.193/28		
	LoopBack0	测试端口	172.16.6.210/32		
Z-FW	VLANIF 2(E1/0/1)	Trust	172.16.6.242/30	Z-CS-1	E0/0/18（VLANIF10）
	VLANif1 (E1/0/0)	DMZ	172.16.6.65/26	WebServer	
	VLANIF3 (E1/0/2)	Untrust	200.200.172.16/28	Internet	
Z-AS-1	E0/0/1	VLAN 4	二层 Access 口	PC	
	E0/0/23	To Z-CS-1	二层 Trunk 端口	Z-CS-1	E0/0/9
	E0/0/24	To Z-CS-2	二层 Trunk 端口	Z-CS-2	E0/0/9
	VLANIF 200	NM	172.16.6.196/28		
Z-AS-2	E0/0/1	VLAN 4	二层 Access 口	PC	
	E0/0/2	VLAN 5	二层 Access 口	PC	
	E0/0/23	To Z-CS-1	二层 Trunk 端口	Z-CS-1	E0/0/10
	E0/0/24	To Z-CS-2	二层 Trunk 端口	Z-CS-2	E0/0/10
	VLANIF 200	NM	172.16.6.197/28		

表 19-3　　　　　　　　　　　　网关规划记录表

主机所在地	所在网段	网关
Z-VLAN 4	172.16.4.0/23	172.16.4.1
公司分部 1 VLAN4	172.16.7.0/26	172.16.7.1
公司分部 1 VLAN9	172.16.7.64/27	172.16.7.65
公司分部 1 VLAN7	172.16.7.128/27	172.16.7.129
公司分部 1 VLAN9	172.16.7.192/26	172.16.7.193

19.1.2　熟悉网络设备基本配置

任务目标：

在终端上通过串口与网络设备 Console 口连接，实现终端对设备的直接控制。在完成连接后，输入交换机的配置命令，熟悉交换机的操作界面以及各基本命令的功能。

任务拓扑图：

本次任务的连接拓扑图如图 19-6 所示。

图 19-6　连接拓扑图

任务流程：

本次任务的任务流程如图 19-7 所示。

任务步骤：

1. 按照拓扑图完成终端和设备之间的连接

用 DB9 或 DF25 端口的 RS232 串口线连接终端，用 RJ45 端口连接路由器的 Console 口。如果终端，如笔记本电脑没有串口，可以使用转换器把 USB 转串口使用。

图 19-7　任务流程图

2. 配置终端软件

在 PC 上可以使用 Windows 2000/XP 自带的 Hyper Terminal（超级终端）软件，也可以使用其他软件，如 SecureCRT。

首先介绍 Windows 操作系统提供的超级终端工具的配置。

（1）单击"开始"→"程序"→"附件"→"通信"→"超级终端"，进行超级终端连接。

（2）当出现图 19-8 时，按要求输入有关的位置信息：国家/地区代码、地区电话号码编号和用来拨外线的电话号码。

图 19-8　位置信息

（3）弹出"连接描述"对话框时，为新建的连接输入名称并为该连接选择图标，如图 19-9 所示。

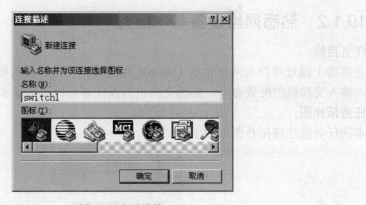

图 19-9　新建连接

（4）根据配置线所连接的串行口，选择连接串行口为 COM1（依实际情况选择 PC 所使用的串口），如图 19-10 所示。

（5）设置所选串口的端口属性。端口属性的设置主要包括以下内容：每秒位数（波特率）"9600"、数据位"8"、奇偶校验"无"、停止位"1"、数据流控制"无"，如图 9-11 所示。

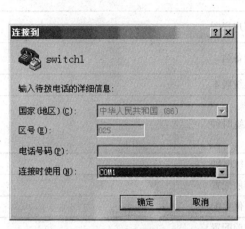

图 19-10 连接配置资料

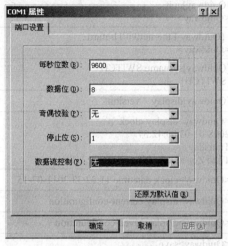

图 9-11 端口属性设置

如果使用 SecureCRT 软件进行配置，连接步骤如下：

运行 SecureCRT，在文件菜单单击"快速连接"，选择协议为"Serial"，并设置其他参数，如图 19-12 所示。

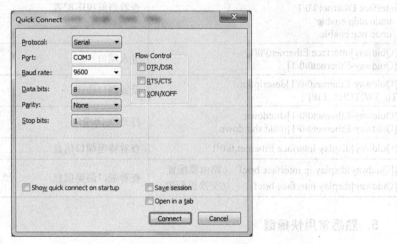

图 9-12 参数设置

3．检查连接是否正常

软件配置完毕单击连接（Connet）按钮，正常情况下应出现<Quidway>之类的命令提示符。如果没有任何反应，请检查软件参数配置，特别是 COM 端口是否正确。

4．熟悉常用配置命令

配置数据设备的常用命令（见表 19-4），观察配置结果。

表 19-4   常用命令

命令行示例	功能
<Quidway>system-view [Quidway]	进入系统视图
[Quidway]quit <Quidway>	返回上级视图
[Quidway-Ethernet0/0/1]return <Quidway>	返回用户视图
[Quidway]sysname SWITCH [SWITCH]	更改设备名
[Quidway]display version	查看系统版本
<Quidway>display clock 2008-01-03 00:42:37 Thursday Time Zone(DefaultZoneName) : UTC	查看系统时钟
<Quidway>clock datetime 11:22:33 2011-07-15	更改系统时钟
<Quidway>display current-configuration	查看当前配置
<Quidway>display saved-configuration	查看已保存配置
<Quidway>save	保存当前配置
<Quidway>reset saved-configuration	清除保存的配置（需重启设备才有效）
<Quidway>reboot	重启设备

[Quidway-Ethernet0/0/1]display this
#
interface Ethernet0/0/1
  undo ntdp enable
  undo ndp enable
	查看当前视图配置

[Quidway]interface Ethernet0/0/1 [Quidway-Ethernet0/0/1]	进入端口
[Quidway-Ethernet0/0/1]description To_SWITCH1_E0/1	设置端口描述
[Quidway-Ethernet0/0/1]shutdown [Quidway-Ethernet0/0/1]undo shutdown	打开/关闭端口
[Quidway]display interface Ethernet 0/0/1	查看特定端口信息
[[Quidway]display ip interface brief //路由器配置 [Quidway]display interface brief //交换机配置	查看端口简要信息

5．熟悉常用快捷键

熟悉表 19-5 所示快捷键的作用。

表 19-5   快捷键的作用

快 捷 键	作 用
↑或<Ctrl+P>	上一条历史纪录
↓或<Ctrl+N>	下一条历史纪录
Tab 键或<Ctrl+I>	自动补充当前命令
<Ctrl+C>	停止显示及执行命令

快 捷 键	作 用
\<Ctrl+W\>	清除当前输入
\<Ctrl+O\>	关闭所有调试信息
\<Ctrl+G\>	显示当前配置

6．命令行错误信息

操作过程中，常见的错误提示见表 19-6。

表 19-6   常见的错误提示

英文错误信息	错误原因
Unrecognized command	没有查找到命令
	没有查找到关键字
	参数类型错
	参数值越界
Incomplete command	输入命令不完整
Too many parameters	输入参数太多
Ambiguous command	输入参数不明确

19.2   局域网的组建部分项目实现

【任务分解】

分析项目总拓扑图可以看出公司总部 2 台交换机 Z-AS-1 和 Z-AS-2 作为二层交换机，为 VLAN 4 和 VLAN 5 中的 PC 提供接入。这 2 台交换机通过冗余的双上行链路连接到 2 台核心交换机 Z-CS-1 和 Z-CS-2。由于存在冗余的双上行链路，4 台交换机均应启动 STP。并且，为了保证网络的稳定，应使核心交换机中 Z-CS-1 为根桥，Z-CS-2 为备份根桥。

在 2 台核心交换机 Z-CS-1 和 Z-CS-2 之间采用 Trunk 链路增加网络带宽，提高网络的可靠性。

19.2.1   VLAN 的配置与实现

任务目标：

在总项目中，公司总部 2 台交换机 Z-AS-1 和 Z-AS-2 作为二层交换机，为 VLAN 4 和 VLAN 5 中的 PC 提供接入。这 2 台交换机通过上行链路连接到两核心交换机 Z-CS-1 和 Z-CS-2。本次任务的目标就是配置 VLAN 的 Access 端口和 Trunk 端口，实现 PC 的接入，使相同 VLAN 中的 PC 可以互通，不同 VLAN 中的 PC 互相隔离。

任务拓扑图：

VLAN 配置拓扑如图 19-13 所示。

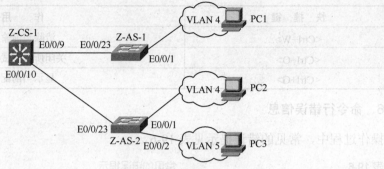

图 19-13　VLAN 配置拓扑图

3 台交换机通过双绞线连接，VLAN 4 和 VLAN 5 的用户 PC 分别连到 Z-AS-1 和 Z-AS-2。VLAN 4 的用户 PC1 和 PC2 需要互通，同时 VLAN 4 的用户和 VLAN 5 的用户相互隔离。

任务实施流程：

VLAN 配置流程如图 19-14 所示。

图 19-14 VLAN 配置流程

任务实施步骤：

1．创建 VLAN

Z-AS-1：

```
[Z-AS-1]vlan 4  //创建 VLAN 4
[Z-AS-1-vlan 4]quit
```

Z-AS-2：

```
[Z-AS-2]vlan 4
[Z-AS-2-vlan4]quit
[Z-AS-2]vlan 5
[Z-AS-2-vlan5]quit
```

2．配置 Access 端口

Z-AS-1：

```
[Z-AS-1]interface Ethernet 0/0/1
[Z-AS-1-Ethernet0/0/1]port link-type access  //默认端口类型是 Hybrid，
修改成 Access
[Z-AS-1-Ethernet0/0/1]port default vlan 4  //把端口添加到 VLAN 4
```

Z-AS-2:

```
[Z-AS-2]interface Ethernet 0/0/1
[Z-AS-2-Ethernet0/0/1]port link-type access
[Z-AS-2-Ethernet0/0/1]port default vlan 4
[Z-AS-2-Ethernet0/0/1]quit
[Z-AS-2]interface Ethernet 0/0/2
[Z-AS-2-Ethernet0/0/2]port link-type access
[Z-AS-2-Ethernet0/0/2]port default vlan 5
```

3. 配置 Trunk 端口

Z-AS-1:

```
[Z-AS-1]interface Ethernet 0/0/23
[Z-AS-1-Ethernet0/0/23]port link-type trunk   //配置本端口为 Trunk 端口
[Z-AS-1-Ethernet0/0/23]port trunk allow-pass vlan 4 5   //本端口允许
VLAN 4、VLAN 5 通过
```

Z-AS-2:

```
[Z-AS-2]interface Ethernet 0/0/23
[Z-AS-2-Ethernet0/0/23]port link-type trunk
[Z-AS-2-Ethernet0/0/23] port trunk allow-pass vlan 4 5
```

Z-CS-1:

```
[Z-CS-1]interface Ethernet 0/0/9
[Z-CS-1-Ethernet0/0/9]port link-type trunk
[Z-CS-1-Ethernet0/0/9]port trunk allow-pass vlan 4 5
[Z-CS-1-Ethernet0/0/9]quit
[Z-CS-1]interface Ethernet 0/0/10
[Z-CS-1-Ethernet0/0/10]port link-type trunk
[Z-CS-1-Ethernet0/0/10]port trunk allow-pass vlan 4 5
```

任务测试:

PC1、PC2、PC3 间连通性检查。使用 Ping 命令检查 VLAN 内和 VLAN 间的连通性。可以看到属于 VLAN 4 的 PC1、PC2 间可以跨交换机互访,而 VLAN 4 和 VLAN 5 不能互访。

19.2.2 端口聚合配置与实现

任务目标:

在总项目中,交换机 Z-CS-1 和 Z-CS-2 之间通过两条以太网线连接,本次任务的目标是将两条链路手工聚合从而提高链路带宽,实现流量负载分担。

任务拓扑图:

端口聚合拓扑如图 19-15 所示。

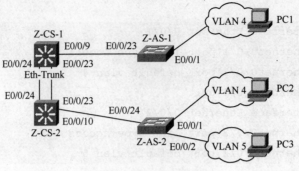

图 19-15　端口聚合拓扑图

任务实施流程：

端口聚合配置流程如图 19-16 所示。

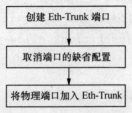

图 19-16　端口聚合配置流程

注意：配置前先不进行线缆连接或将成员端口关闭，以避免交换机之间直接连接多条链路造成环路。

任务实施步骤：

1．创建 Eth-Trunk 端口

分别在 2 台交换机上创建 Eth-Trunk 端口，端口编号可以 0~19 任意选择。

```
[Z-CS-1] interface Eth-Trunk1
[Z-CS-1 -Eth-Trunk1] quit
[Z-CS-2] interface Eth-Trunk1
[Z-CS-2 -Eth-Trunk1] quit
```

2．取消端口的默认配置

在 2 台交换机的物理端口中把默认开启的一些协议关闭。

```
[Z-CS-1]interface Ethernet 0/0/23
[Z-CS-1-Ethernet0/0/23] bpdu disable
[Z-CS-1-Ethernet0/0/23] undo ntdp enable
[Z-CS-1-Ethernet0/0/23] undo ndp enable
[Z-CS-1]interface Ethernet 0/0/24
[Z-CS-1-Ethernet0/0/24] bpdu disable
[Z-CS-1-Ethernet0/0/24] undo ntdp enable
[Z-CS-1-Ethernet0/0/24] undo ndp enable
```

Z-CS-2 交换机配置类似。

3. 将物理端口加入 Eth-Trunk

```
[Z-CS-1]interface Ethernet 0/0/23
[Z-CS-1-Ethernet0/0/23]eth-trunk 1
[Z-CS-1]interface Ethernet 0/0/24
[Z-CS-1-Ethernet0/0/24]eth-trunk 1
```

Z-CS-2 交换机配置类似。

4. 创建 VLAN

Z-AS-1：
```
[Z-AS-1]vlan 4   //创建 VLAN 4
[Z-AS-1-vlan4]quit
```
Z-AS-2：
```
[Z-AS-2]vlan 4
[Z-AS-2-vlan4]quit
[Z-AS-2]vlan 5
[Z-AS-2-vlan5]quit
```
Z-CS-1：
```
[Z-CS-1] vlan 4
[Z-CS-1-vlan4]quit
[Z-CS-1] vlan 5
[Z-CS-1-vlan5]quit
```
Z-CS-2：
```
[Z-CS-2] vlan 4
[Z-CS-2-vlan4]quit
[Z-CS-2] vlan 5
[Z-CS-2-vlan5]quit
```

5. 配置 Access 端口

Z-AS-1：
```
[Z-AS-1]interface Ethernet 0/0/1
[Z-AS-1-Ethernet0/0/1]port link-type access
[Z-AS-1-Ethernet0/0/1]port default vlan 4
```
Z-AS-2：
```
[Z-AS-2]interface Ethernet 0/0/1
[Z-AS-2-Ethernet0/0/1]port link-type access
[Z-AS-2-Ethernet0/0/1]port default vlan 4
[Z-AS-2-Ethernet0/0/1]quit
[Z-AS-2]interface Ethernet 0/0/2
```

```
[Z-AS-2-Ethernet0/0/2]port link-type access
[Z-AS-2-Ethernet0/0/2]port default vlan 5
```

6. 配置 Trunk 端口

Z-AS-1：

```
[Z-AS-1]interface Ethernet 0/0/23
[Z-AS-1-Ethernet0/0/23]port link-type trunk
[Z-AS-1-Ethernet0/0/23]port trunk allow-pass vlan 4 5
```

Z-AS-2：

```
[Z-AS-2]interface Ethernet 0/0/24
[Z-AS-2-Ethernet0/0/23]port link-type trunk
[Z-AS-2-Ethernet0/0/23] port trunk allow-pass vlan 4 5
```

Z-CS-1：

```
[Z-CS-1]interface Ethernet 0/0/9
[Z-CS-1-Ethernet0/0/9]port link-type trunk
[Z-CS-1-Ethernet0/0/9]port trunk allow-pass vlan 4 5
[Z-CS-1-Ethernet0/0/9]quit
[Z-CS-1] interface Eth-Trunk1
[Z-CS-1- Eth-Trunk1]port link-type trunk
[Z-CS-1- Eth-Trunk1]port trunk allow-pass vlan 4 5
[Z-CS-1- Eth-Trunk1] quit
```

Z-CS-2：

```
[Z-CS-2]interface Ethernet 0/0/10
[Z-CS-2-Ethernet0/0/10]port link-type trunk
[Z-CS-2-Ethernet0/0/10]port trunk allow-pass vlan 4 5
[Z-CS-2-Ethernet0/0/10]quit
[Z-CS-2] interface Eth-Trunk1
[Z-CS-2- Eth-Trunk1]port link-type trunk
[Z-CS-2- Eth-Trunk1]port trunk allow-pass vlan 4 5
[Z-CS-2- Eth-Trunk1] quit
```

7. 连接物理链路

按照拓扑图连接上 2 台交换机之间的线缆。

任务测试：

1. [Z-CS-1]display eth-trunk 1

```
Eth-Trunk1's state information is:
WorkingMode: NORMAL    Hash arithmetic: According to SA-XOR-DA
Least Active-linknumber: 1  Max Bandwidth-affected-linknumber: 8
Operate status: up        Number Of Up Port In Trunk: 2
```

```
----------------------------------------------------------------
PortName                    Status        Weight
Ethernet0/0/23              up            1
Ethernet0/0/24              up            1
```

2．PC1、PC2、PC3 间连通性检查

使用 Ping 命令检查 VLAN 内和 VLAN 间的连通性。可以看到属于 VLAN 4 的 PC1、PC2 间可以跨交换机互访，而 VLAN 4 和 VLAN 5 不能互访。

19.2.3　STP 的配置与实现

任务目标：

在总项目中，交换机 Z-AS-1 和 Z-AS-2 通过冗余的双上行链路连接到 2 台核心交换机 Z-CS-A 和 Z-CS-B。由于存在冗余的双上行链路，4 台交换机均应启动 STP，并且为了保证网络的稳定，应使核心交换机中 Z-CS-1 为根桥，Z-CS-2 为备份根桥，当 Z-CS-1 出现故障之后，Z-CS-2 成为新的根桥。

任务拓扑图：

STP 配置拓扑如图 19-17 所示。

任务实施流程：

STP 配置流程如图 19-18 所示。

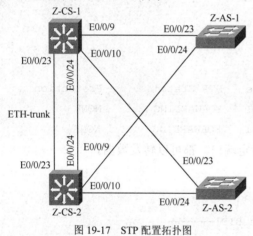

图 19-17　STP 配置拓扑图

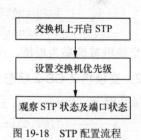

图 19-18　STP 配置流程

任务实施步骤：

1．交换机上开启 STP

在 3 台交换机上开启 STP 功能，并将 STP 的模式改成 802.1d 标准的 STP。

```
[Z-CS-1]stp mode stp
[Z-CS-1]stp enable
```

其他交换机配置相同。

2．设置交换机优先级

在 Z-CS-1 上设置优先级值为 0，Z-CS-2 优先级值为 4096，Z-AS-1 使用默认优先级值

32768，有 2 种配置方式。

方式一：

```
[Z-CS-1]stp root primary      //该命令使得交换机优先级值为 0，即最优先
[Z-CS-2]stp root secondary    //该命令使交换机优先级值为 4096，即比 0 低一个级别
```

方式二：

```
[Z-CS-1]stp priority 0
[Z-CS-2]stp priority 4096
```

任务测试：

在每台交换机上观察 STP 状态及端口状态。

1. 交换机 Z-CS-1 状态信息

```
[Z-CS-1]display stp
-------[CIST Global Info][Mode STP]-------
CIST Bridge :0.0025-9e74-a097      //该项为本交换机 Bridge ID
Bridge Times :Hello 2s MaxAge 20s FwDly 15s MaxHop 20
CIST Root/ERPC :0.0025-9e74-a097 / 0     //该项为根桥 Bridge ID
CIST RegRoot/IRPC:0.0025-9e74-a097 / 0
CIST Root Port Id:0.0
BPDU-Protection:disabled
TC or TCN received:0
TC count per hello:0
STP Converge Mode:Normal
[Z-CS-1]dis stp brief
 MSTID  Port              Role   STP State     Protection
   0    Ethernet0/0/9     DESI   FORWARDING    NONE
   0    Ethernet0/0/23    DESI   FORWARDING    NONE
```

交换机被选举为根桥，两个端口都是指定端口，都可以转发数据。

2. 交换机 Z-CS-2 状态信息

```
[Z-CS-2]display stp
-------[CIST Global Info][Mode STP]-------
CIST Bridge:4096 .0025-9e74-19ff  //该项为本交换机 Bridge ID
Bridge Times:Hello 2s MaxAge 20s FwDly 15s MaxHop 20
CIST Root/ERPC:0.0025-9e74-a097 / 199999  //该项为根桥 Bridge ID
CIST RegRoot/IRPC:4096 .0025-9e74-19ff / 0
CIST Root Port Id:128.23
BPDU-Protection :disabled
CIST Root Type:SECONDARY root
TC or TCN received:83
TC count per hello:0
STP Converge Mode:Normal
```

```
[Z-CS-2]display stp brief
 MSTID  Port              Role      STP State       Protection
   0     Ethernet0/0/9     DESI      FORWARDING      NONE
   0     Ethernet0/0/23    ROOT      FORWARDING      NONE
```

连接根桥的 Ethernet0/0/23 端口成为根端口，连接 Z-AS-1 的 Ethernet0/0/9 端口成为指定端口，都转发数据。

3. 交换机 Z-AS-1 状态信息

```
[Z-AS-1]display stp
-------[CIST Global Info][Mode STP]-------
CIST Bridge:32768.0018-82ea-b8F1
Bridge Times:Hello 2s MaxAge 20s FwDly 15s MaxHop 20
CIST Root/ERPC:0.0025-9e74-a097 / 199999
CIST RegRoot/IRPC:32768.0018-82ea-b8F1 / 0
CIST Root Port Id:128.23
BPDU-Protection :disabled
TC or TCN received :0
TC count per hello :0
STP Converge Mode :Normal
[Z-AS-1]display stp brief
 MSTID  Port              Role      STP State       Protection
   0     Ethernet0/0/23    ROOT      FORWARDING      NONE
   0     Ethernet0/0/24    ALTE      DISCARDING      NONE
```

连接根桥的 Ethernet0/0/23 端口为根端口，数据可以被转发；连接 Z-CS-B 的 Ethernet0/0/24 端口为预备端口，数据被阻塞从而避免环路。

19.2.4 单臂路由的配置与实现

任务目标：

本此任务的主要目标是利用单臂路由实现公司分部 2 中不同 VLAN 间的通信。

任务拓扑图：

单臂路由拓扑如图 19-19 所示。

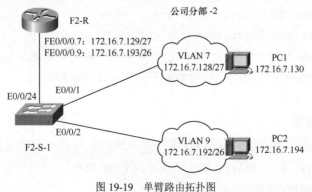

图 19-19 单臂路由拓扑图

交换机 F2-S-1 和路由器 F2-R 通过一条双绞线连接，VLAN 7 和 VLAN 9 的用户 PC 分别连到 F2-S-1，VLAN 7 的用户 PC1 和 VLAN 9 的用户 PC2 通过 F2-R 互通。

任务实现流程：

单臂路由配置流程如图 19-20 所示。

图 19-20　单臂路由配置流程

任务实现步骤：

1．创建 VLAN

```
[F2-S-1]vlan batch 7 9
[F2-S-1]interface Ethernet 0/0/1
[F2-S-1-Ethernet0/0/1]port link-type access
[F2-S-1-Ethernet0/0/1]port default vlan 7
[F2-S-1-Ethernet0/0/1]quit
[F2-S-1]interface Ethernet 0/0/2
[F2-S-1-Ethernet0/0/2]port link-type access
[F2-S-1-Ethernet0/0/2]port default vlan 9
```

2．配置 Trunk 端口

```
[F2-S-1]interface Ethernet 0/0/24
[F2-S-1-Ethernet0/0/24]port link-type trunk 公用
[F2-S-1-Ethernet0/0/24]port trunk allow-pass vlan 7 9
```

3．配置路由器子端口

```
[F2-R]interface GigabitEthernet 0/0/0.7
[F2-R-GigabitEthernet0/0/0.7] vlan-type dot1q vid 7
[F2-R-GigabitEthernet0/0/0.7] ip address 172.16.7.129 27
[F2-R-GigabitEthernet0/0/0.7]quit
[F2-R]interface GigabitEthernet 0/0/0.9
[F2-R-GigabitEthernet0/0/0.9] VLAN-type dot1q vid 9
[F2-R-Ethernet0/1.9]ip address 172.16.7.192 26
```

任务测试：

1．查看 IP 路由表

```
[F2-R]display ip routing-table
Route Flags: R - relay, D - download to fib
Routing Tables: Public
```

```
Destinations : 10        Routes : 10
Destination/Mask  Proto  Pre Cost Flags  NextHop      Interface
172.16.7.128/27   Direct 0   0    D      172.16.7.129 GE0/0/0.7
172.16.7.192/26   Direct 0   0    D      172.16.7.130 GE0/0/0.9
…
```

可以看到子端口所产生的直连表项已经加入到路由表中。

2. 连通性检查

使用 Ping 命令检查 PC1 和 PC2 间的连通性。可以看到属于 VLAN 4 的 PC1 和属于 VLAN 9 的 PC2 间互访。

19.2.5　三层交换的配置与实现

任务目标：

本次任务的目标是利用三层交换实现不同 VLAN 间的通信。

任务拓扑图：

三层交换拓扑如图 19-21 所示。

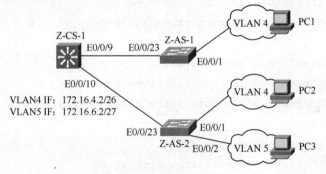

图 19-21　三层交换拓扑图

3 台交换机通过双绞线连接，VLAN 4 和 VLAN 5 的用户 PC 分别连到 Z-AS-1 和 Z-AS-2。配置 VLAN 间路由，使得 PC3 和 PC1、PC2 可以互通。

任务实施流程：

三层交换配置流程如图 19-22 所示。

任务实施步骤：

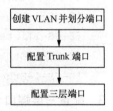

图 19-22　三层交换配置流程

1. 创建 VLAN 并划分端口

Z-AS-1：

```
[Z-AS-1] vlan batch 4 5
[Z-AS-1]interface Ethernet 0/0/1
[Z-AS-1-Ethernet0/0/1]port link-type access
[Z-AS-1-Ethernet0/0/1]port default VLAN4
```

Z-AS-2：

```
[Z-AS-2]vlan 4
```

```
[Z-AS-2-vlan4]quit

[Z-AS-2]interface Ethernet 0/0/1

[Z-AS-2-Ethernet0/0/1]port link-type access

[Z-AS-2-Ethernet0/0/1]port default vlan 4

[Z-AS-2-Ethernet0/0/1]quit

[Z-AS-2]vlan 5

[Z-AS-2-vlan5]quit

[Z-AS-2]interface Ethernet 0/0/2

[Z-AS-2-Ethernet0/0/2]port link-type access

[Z-AS-2-Ethernet0/0/2]port default vlan 5
```

Z-CS-A：

```
[Z-CS-A]vlan batch 4 5
```

2. 配置 Trunk 端口

Z-AS-1：

```
[Z-AS-1]interface Ethernet 0/0/23

[Z-AS-1-Ethernet0/0/23]port link-type trunk

[Z-AS-1-Ethernet0/0/23]port trunk allow-pass vlan 4 5
```

Z-AS-2：

```
[Z-AS-2]interface Ethernet 0/0/23

[Z-AS-2-Ethernet0/0/23]port link-type trunk

[Z-AS-2-Ethernet0/0/23] port trunk allow-pass vlan 4 5
```

Z-CS-1：

```
[Z-CS-1]interface Ethernet 0/0/9

[Z-CS-1-Ethernet0/0/9]port link-type trunk

[Z-CS-1-Ethernet0/0/9]port trunk allow-pass vlan 4 5

[Z-CS-1-Ethernet0/0/9]quit

[Z-CS-1]interface Ethernet 0/0/10

[Z-CS-1-Ethernet0/0/10]port link-type trunk

[Z-CS-1-Ethernet0/0/10]port trunk allow-pass vlan 4 5
```

3. 配置三层端口

```
[Z-CS-1]interface vlanif 4

[Z-CS-1-vlan-interface4]ip address 172.16.4.2 26

[Z-CS-1]interface vlanif 5

[Z-CS-1-vlan-interface5]ip address 172.16.6.2 27
```

任务测试：

1. 查看 IP 路由表

```
[Z-CS-1]display ip routing-table

Route Flags: R - relay, D - download to fib

Routing Tables: Public
```

```
     Destinations : 6          Routes : 6
     Destination/Mask    Proto    Pre  Cost    Flags    NextHop         Interface
     172.16.4.2 /32      Direct   0    0       D        127.0.0.1       InLoopBack0
     172.16.4.0/26       Direct   0    0       D        172.16.6.225    VLANif4
     172.16.6.2/32       Direct   0    0       D        127.0.0.1       InLoopBack0
     172.16.6.0/27       Direct   0    0       D        172.16.6.245    VLANif5
     127.0.0.0/8         Direct   0    0       D        127.0.0.1       InLoopBack0
     127.0.0.1/32        Direct   0    0       D        127.0.0.1       InLoopBack0
```

可以看到 VLAN 路由已经添加到路由表中。

2．连通性检查

使用 Ping 命令检查 PC1 与 PC3，PC2 与 PC3 间的连通性。可以 Ping 通，代表 VLAN 4 和 VLAN 5 的主机通过 VLAN 路由互访。

19.3　路由配置与实现

19.3.1　静态路由的配置与实现

任务目标：
本次任务的目标是掌握静态路由的配置，理解路由器逐跳转发的特性。

任务拓扑图：
静态路由拓扑如图 19-23 所示。

任务实施流程图：
静态路由配置流程如图 19-24 所示。

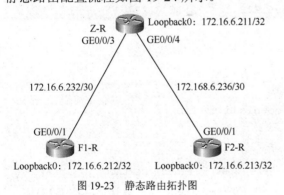

图 19-23　静态路由拓扑图

图 19-24　静态路由配置流程图

任务实施步骤：

1．按拓扑图配置端口 IP 地址

Z-R：

```
[Z-R] interface GigabitEthernet 0/0/3
[Z-R- GigabitEthernet 0/0/3]ip address 172.16.6.233 30
```

199

```
[Z-R- GigabitEthernet 0/0/3]quit
[Z-R]interface GigabitEthernet 0/0/4
[Z-R- GigabitEthernet 0/0/4]ip address 172.16.6.237 30
```

F1-R：

```
[F1-R]interface Loopback 0    //配置环回端口，用于测试
[F1-R- Loopback0]ip address 172.16.6.212 32    //测试用地址
[F1-R- Loopback0]quit
[F1-R]interface GigabitEthernet 0/0/1
[F1-R- GigabitEthernet 0/0/1]ip address 172.16.6.234 30
```

F2-R：

```
[F2-R]interface Loopback 0
[F2-R- Loopback0]ip address 172.16.6.213 32
[F2-R- Loopback0]quit
[F2-R]interface GigabitEthernet 0/0/1
[F2-R- GigabitEthernet 0/0/3]ip address 172.16.6.238 30
```

2．配置静态路由

Z-R：

```
[Z-R]ip route-static 172.16.6.212 32 172.16.6.234
[Z-R]ip route-static 172.16.6.213 32 172.16.6.238
```

F1-R：

```
[F1-R]ip route-static 172.16.6.213 32 172.16.6.233
```

F2-R：

```
[F2-R]ip route-static 172.16.6.232 30 172.16.6.237
[F2-R]ip route-static 172.16.6.212 32 172.16.6.237
```

任务测试：

1．查看 IP 路由表

```
[F1-R]display IP routing-table
Route Flags: R - relay, D - download to fib

Routing Tables: Public
Destinations : 10      Routes : 10
Destination/Mask      Proto    Pre Cost    Flags   NextHop      Interface
172.16.6.213/32       Static   60  0       RD      172.16.6.233 GE0/0/1
...
```

Z-R、F2-R 与 F1-R 类似。

2．用 Ping 命令检查连通性

```
[F1-R]ping -a 172.16.6.212 172.16.6.213
```

可以 Ping 通，当然也能 Ping 通其他网段，说明全网连通性正常。

19.3.2 缺省路由的配置与实现

任务目标：

本次任务的目标是掌握缺省路由的配置和注意事项。

任务拓扑图：

缺省路由拓扑如图 19-25 所示。

任务实现流程：

缺省路由配置流程如图 19-26 所示。

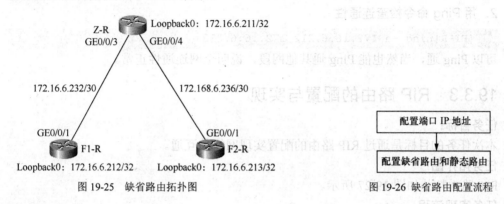

图 19-25 缺省路由拓扑图   图 19-26 缺省路由配置流程

任务实施步骤：

1. 按拓扑图配置端口 IP 地址

配置参照子任务一。

2. 配置缺省路由和静态路由

Z-R：

```
[Z-R]ip route-static 172.16.6.212 32 172.16.6.234
[Z-R]ip route-static 172.16.6.213 32 172.16.6.238
```

F1-R：

```
[F1-R]ip route-static 0.0.0.0 0 172.16.6.233   //网络边缘的路由器，只有
```
一个出口，这时候就只需要配一条缺省路由

F2-R：

```
[F2-R]ip route-static 0.0.0.0 0 172.16.6.237
```

任务测试：

1. 查看 IP 路由表

```
[F1-R]display IP routing-table
Route Flags: R - relay, D - download to fib

Routing Tables: Public
 Destinations : 10      Routes : 10

Destination/Mask    Proto   Pre  Cost    Flags  NextHop        Interface
0.0.0.0/0           Static  60   0       RD     172.16.6.233   GE0/0/1
```

```
…
[F2-R]display IP routing-table
Route Flags: R - relay, D - download to fib

Routing Tables: Public
Destinations : 10   Routes : 10
Destination/Mask Proto  Pre  Cost    Flags  NextHop    Interface
0.0.0.0/0        Static 60   0       RD     172.16.6.237 GE0/0/1
…
```

2. 用 Ping 命令检查连通性

```
[F1-R]ping -a 172.16.6.212 172.16.6.213
```

可以 Ping 通，当然也能 Ping 通其他网段，说明全网连通性正常。

19.3.3　RIP 路由的配置与实现

任务目标：
本次任务的目标是通过 RIP 路由的配置实现网络的互通。

任务拓扑图：
RIP 路由拓扑如图 19-27 所示。

任务实现流程：
RIP 路由配置流程如图 19-28 所示。

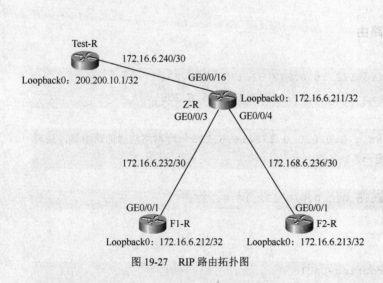

图 19-27　RIP 路由拓扑图

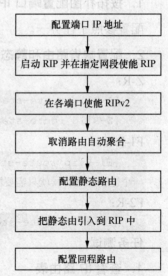

图 19-28　RIP 路由配置流程

任务实现步骤：

1. 按拓扑图配置端口 IP

配置参照子任务一。

2. 启动 RIP 并在指定网段使能 RIP

Z-R:

```
[Z-R]rip
[Z-R-rip-1]network 10.0.0.0 //这个网段包含了 Z-R 上所有的端口
```

F1-R:

```
[F1-R]rip
[F1-R-rip-1]network 10.0.0.0
```

F2-R:

```
[F2-R]rip
[F2-R-rip-1]network 10.0.0.0
```

3. 在各端口使能 RIPv2

Z-R:

```
[Z-R]interface GigabitEthernet0/0/3
[Z-R- GigabitEthernet0/0/3]rip version 2
[Z-R]interface GigabitEthernet0/0/4
[Z-R- GigabitEthernet0/0/4]rip version 2
[Z-R]interface Loopback 0
[Z-R-Loopback0]rip version 2
```

F1-R:

```
[F1-R]interface GigabitEthernet0/0/2
[F1-R- GigabitEthernet0/0/2]rip version 2
[F1-R]interface Loopback 0
[F1-R-Loopback0]rip version 2
[F1-R]interface GigabitEthernet0/0/1
[F1-R- GigabitEthernet0/0/1]rip version 2
```

F2-R:

```
[F2-R]interface GigabitEthernet0/0/2
[F2-R- GigabitEthernet0/0/2]rip version 2
[F2-R]interface Loopback 0
[F2-R-Loopback0]rip version 2
[F2-R]interface GigabitEthernet0/0/1
[F2-R- GigabitEthernet0/0/1]rip version 2
```

4. 取消路由自动聚合

```
[Z-R-rip]undo summary
[F1-R-rip]undo summary
[F2-R-rip]undo summary
```

5. 配置静态路由

```
[Z-R]ip route-static 200.200.172.16 32 172.16.6.241
```

6. 把静态路由引入到 RIP 中

```
[Z-R]rip
[Z-R -rip-1]import-route static
```

7. 配置回程路由

```
[Test-R]ip route-static 172.16.6.0 23 172.16.6.242
```

任务测试：

1. 查看 IP 路由表

查看路由表，可发现相应路由。

2. 用 Ping 命令检查连通性

```
[F1-R]ping -a 172.16.6.212 200.200.172.16
```

可以 Ping 通，当然也能 Ping 通其他网段，说明全网连通性正常。

19.3.4　OSPF 单区域配置与实现

任务目标：

在公司所有路由器之间开启 OSPF，使所有路由器及其端口都属于 OSPF Area0，各网段通过 OSPF 学习到的路由互通。

任务拓扑图：

OSPF 单区域拓扑如图 19-29 所示。

任务实施流程：

OSPF 单区域配置流程如图 19-30 所示。

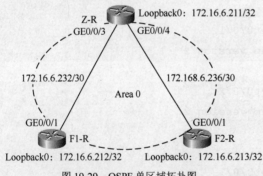

图 19-29　OSPF 单区域拓扑图

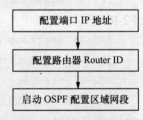

图 19-30　OSPF 单区域配置流程

任务实施步骤：

1. 按拓扑图配置端口 IP 地址

配置参照子任务一。

2. 配置路由器 Router ID

```
[Z-R]router id 172.16.6.211
[F1-R]router id 172.16.6.212
[F2-R]router id 172.16.6.213
```

3. 启动 OSPF 并配置区域所包含的网段

Z-R：

```
[Z-R]ospf 1
[Z-R-ospf-1]Area0　//创建骨干区域Area0
[Z-R-ospf-1-area-0.0.0.0]network 172.16.6.211 0.0.0.0
[Z-R-ospf-1-area-0.0.0.0]network 172.16.6.232 0.0.0.3
```

或采用[Z-R-ospf-1-area-0.0.0.0]network 172.16.6.233 0.0.0.0 均可，采用反掩码宣告则表示如果端口配置了 172.16.6.232/30 网段的地址均加入 OSPF 中，如 172.16.6.233、172.16.6.234 等。而采用 IP 地址宣告，则表示只将该地址加入 OSPF 当中。

```
[Z-R-ospf-1-area-0.0.0.0]network 172.16.6.236 0.0.0.3
```

F1-R：

```
[F1-R]ospf 1
[F1-R-ospf-1]Area0
[F1-R-ospf-1-area-0.0.0.0]network 172.16.6.212 0.0.0.0
[F1-R-ospf-1-area-0.0.0.0]network 172.16.6.232 0.0.0.3
[F1-R-ospf-1-area-0.0.0.0]network 172.16.6.248 0.0.0.3
```

F2-R：

```
[F2-R]ospf 1
[F2-R-ospf-1]Area0
[F2-R-ospf-1-area-0.0.0.0]network 172.16.6.213 0.0.0.0
[F2-R-ospf-1-area-0.0.0.0]network 172.16.6.236 0.0.0.3
[F2-R-ospf-1-area-0.0.0.0]network 172.16.6.248 0.0.0.3
```

任务测试：

1. 查看 OSPF 邻居关系

Z-R 骨干区域内的所有路由器建立了邻居关系，邻居状态机为 Full。

2. 查看 IP 路由表

查看路由表，可发现相应路由。

3. 用 Ping 命令检查连通性

```
[Z-R]ping -a 172.16.6.211 172.16.6.213
```

可以 Ping 通，当然也能 Ping 通其他网段，说明全网连通性正常。

19.3.5　OSPF 多区域的配置与实现

任务目标：
本任务的主要目标是通过 OSPF 多区域的配置使项目中公司总部与分支机构之间互通。
任务拓扑图：
OSPF 多区域拓扑如图 19-31 所示。

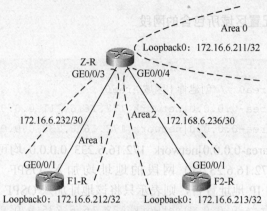

图 19-31　OSPF 多区域拓扑

　　路由器 Z-R、F1-R 和 F2-R 通过吉比特链路连接，所有路由器之间开启 OSPF，区域划分如图 19-31 所示，Z-CS-1 的 Loopback0、VLANIF 100、VLANIF 4、VLANIF 5、VLANIF 200、VLANIF 101；Z-CS-2 的 Loopback0、E0/0/1、VLANIF 100、VLANIF 4、VLANIF 5、VLANIF 200、VLANIF 102；Z-R 的 G0/0/0、G0/0/1、Loopback0 都属于 Area0，Z-R 的 G0/0/3、F1-R 的 G0/0/1、Loopback0、VLANIF 4、VLANIF 9 都属于 Area1，Z-R 的 G0/0/4 和 F2-R 的 G0/0/1、Loopback0、G0/0.7、G0/0.9 都属于 Area2，各网段通过 OSPF 学习到的路由互通。

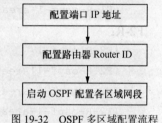

图 19-32　OSPF 多区域配置流程

　　任务实施流程：

　　OSPF 多区域配置流程如图 19-32 所示。

　　任务实施步骤：

1. 按拓扑图配置端口 IP 地址

配置参照子任务一。

2. 配置路由器 Router ID

```
[Z-R]router id 172.16.6.211
[Z-CS-1]router id 172.16.6.209
[Z-CS-2]router id 172.16.6.210
[F1-R]router id 172.16.6.212
[F2-R]router id 172.16.6.213
```

3. 启动 OSPF 并配置区域所包含的网段

Z-R：

```
[Z-R]ospf 1
[Z-R-ospf-1]Area0   //创建骨干区域Area0
[Z-R-ospf-1-area-0.0.0.0]network 172.16.6.224 0.0.0.3
[Z-R-ospf-1-area-0.0.0.0]network 172.16.6.228 0.0.0.3
[Z-R-ospf-1-area-0.0.0.0]network 172.16.6.211 0.0.0.0
```

```
[Z-R-ospf-1]Area1  //创建非骨干区域 Area1
[Z-R-ospf-1-area-0.0.0.1]network 172.16.6.232 0.0.0.3
[Z-R-ospf-1]Area2  //创建非骨干区域 Area2
[Z-R-ospf-1-area-0.0.0.2]network 172.16.6.236 0.0.0.3
```

Z-CS-1:

```
[Z-CS-1]ospf  1
[Z-CS-1-ospf-1]Area0
[Z-CS-1-ospf-1-area-0.0.0.0]network 172.16.6.224 0.0.0.3
[Z-CS-1-ospf-1-area-0.0.0.0]network 172.16.6.209 0.0.0.0
[Z-CS-1-ospf-1-area-0.0.0.0]network 172.16.6.244 0.0.0.3
[Z-CS-1-ospf-1-area-0.0.0.0]network 172.16.4.0 0.0.0.63
[Z-CS-1-ospf-1-area-0.0.0.0]network 172.16.6.0 0.0.0.31
[Z-CS-1-ospf-1-area-0.0.0.0]network 172.16.6.192 0.0.0.7
```

Z-CS-2:

```
[Z-CS-2]ospf  1
[Z-CS-2-ospf-1]Area0
[Z-CS-2-ospf-1-area-0.0.0.0]network 172.16.6.210 0.0.0.0
[Z-CS-2-ospf-1-area-0.0.0.0]network 172.16.6.228 0.0.0.3
[Z-CS-2-ospf-1-area-0.0.0.0]network 172.16.6.244 0.0.0.3
[Z-CS-1-ospf-1-area-0.0.0.0]network 172.16.4.0 0.0.0.63
[Z-CS-1-ospf-1-area-0.0.0.0]network 172.16.6.0 0.0.0.31
[Z-CS-1-ospf-1-area-0.0.0.0]network 172.16.6.192 0.0.0.7
```

F1-R:

```
[F1-R]ospf  1
[F1-R-ospf-1]Area1
[F1-R-ospf-1-area-0.0.0.1]network 172.16.6.212 0.0.0.0
[F1-R-ospf-1-area-0.0.0.1]network 172.16.6.232 0.0.0.3
[F1-R-ospf-1-area-0.0.0.1]network 172.16.7.0 0.0.0.63
[F1-R-ospf-1-area-0.0.0.1]network 172.16.7.64 0.0.0.31
```

F2-R:

```
[F2-R]ospf  1
[F2-R-ospf-1]Area2
[F2-R-ospf-1-area-0.0.0.2]network 172.16.6.213 0.0.0.0
[F2-R-ospf-1-area-0.0.0.2]network 172.16.6.236 0.0.0.3
[F2-R-ospf-1-area-0.0.0.2]network 172.16.7.128 0.0.0.31
[F2-R-ospf-1-area-0.0.0.2]network 172.16.7.192 0.0.0.63
```

任务测试:

1. 查看 OSPF 邻居关系

Z-R 骨干区域内的所有路由器建立了邻居关系,邻居状态机为 Full。

2. 查看 IP 路由表

查看路由表，可发现相应路由。

3. 用 Ping 命令检查连通性

```
[Z-CS-1]ping -a 172.16.6.209 172.16.6.212
```

可以 Ping 通，当然也能 Ping 通其他网段，说明全网连通性正常。

19.3.6　OSPF 路由引入的配置与实现

任务目标：

本次任务的目标是配置 OSPF 引入外部路由，实现全网的互通。

任务拓扑图：

OSPF 引入外部路由拓扑如图 19-33 所示。

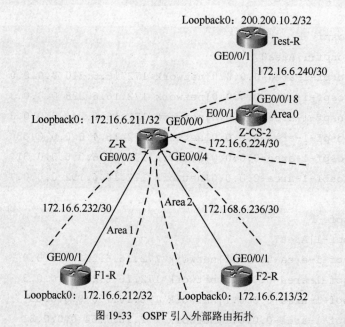

图 19-33　OSPF 引入外部路由拓扑

路由器 Z-R、F1-R、F2-R 和 Test-R，三层交换机 Z-CS-1 和 Z-CS-2 通过吉比特链路连接，所有路由器之间开启 OSPF，区域划分如图 3-44 所示，Z-CS-1 的 Loopback0、VLANIF 100、VLANIF 4、VLANIF 5、VLANIF 200、VLANIF 101；Z-CS-2 的 Loopback0、VLANIF 100、VLANIF 4、VLANIF 5、VLANIF 200、VLANIF 102；Z-R 的 G0/0/0、G0/0/1、Loopback0 都属于 Area0，Z-R 的 G0/0/3、F1-R 的 G0/0/1、Loopback0、VLANIF 4、VLANIF 9 都属于 Area1；Z-CS-1 与 Test-R 之间只配置静态路由。做相应配置使全网互通。

任务实施流程：

OSPF 引入外部路由配置流程如图 19-34 所示。

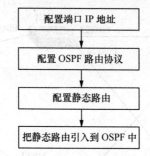

图 19-34 OSPF 引入外部路由配置流程

任务实施步骤：

1. 按拓扑图配置端口 IP 地址

配置参照前文内容。

2. 配置 OSPF 路由协议

配置参照 6.6.5 小节。

3. 配置静态路由

```
[Z-CS-1]ip route-static 200.200.10.0 28 172.16.6.242
```

4. 把静态路由引入到 OSPF 中

```
[Z-CS-1]ospf
[Z-CS-1-ospf-1]import-route static
```

5. 在 Test-R 上配置回程路由

```
[Test-R]ip route-static 172.16.4.0 22 172.16.6.241  //到下面整个网络的聚合路由
```

任务测试：

1. 查看 IP 路由表

查看路由表，可发现相应路由。

2. 用 Ping 命令检查连通性

```
[F1-R]ping -a 172.16.6.212 200.200.10.2
```

可以 Ping 通，当然也能 Ping 通其他网段，说明全网连通性正常。

19.3.7 VRRP 的配置与实现

任务目标：

为了实现内部网络和外部网络不间断的通信，2 台核心交换机启动 VRRP，Z-CS-1 为主设备，Z-CS-2 为备份。本次任务的目标是配置 VRRP，实现上述功能。

任务拓扑图：

VRRP 配置拓扑如图 19-35 所示。

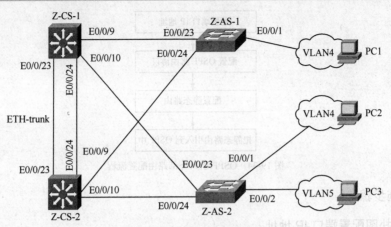

图 19-35　VRRP 配置拓扑图

VRRP 地址规划见表 19-7。

表 19-7　　　　　　　　　　　　　VRRP 地址规划表

VRRP	Z-CS-1	V-IP(GW)	Z-CS-2
VLAN 4 172.16.4.0/23	172.16.4.2/23	172.16.4.1/23	172.16.4.3/23
VLAN 5 172.16.6.0/26	172.16.6.2/26	172.16.6.1/26	172.16.6.3/26
VLAN 200 172.16.6.192/28	172.16.6.194/28	172.16.6.195/28	172.16.6.193/28

任务实施流程：

VRRP 配置流程如图 19-36 所示。

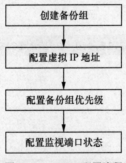

图 19-36　VRRP 配置流程

操作步骤：

（1）执行命令 system-view，进入系统视图。

（2）执行命令 interface interface-type interface-number，进入 VLANIF 端口视图。

（3）执行命令 vrrp vrid virtual-router-id virtual-ip virtual-address，创建备份组并配置虚拟 IP 地址。S3300 只有 VLANIF 端口支持 VRRP 功能。虚拟 IP 地址必须和当前端口 IP 地址在同一网段。各备份组之间的虚拟 IP 地址不能重复。保证同一备份组的两端设备上配置相同的备份组 ID。不同端口之间的备份组 ID 可以重复使用。

（4）执行命令 vrrp vrid virtual-router-id **priority** priority-value，配置交换机在备份组中的

优先级。默认情况下，优先级的取值是 100。优先级 0 是系统保留作为特殊用途的，优先级值 255 保留给 IP 地址拥有者，IP 地址拥有者的优先级不可配置。通过命令可以配置的优先级取值范围是 1～254。

配置举例：

Z-CS-1 配置：

```
[Z-CS-1-vlanif4]vrrp vrid 4 virtual-ip 172.16.4.1
[Z-CS-1-vlanif4]vrrp vrid 4 priority 120
[Z-CS-1-vlanif5]vrrp vrid 5 virtual-ip 172.16.6.1
[Z-CS-1-vlanif5]vrrp vrid 5 priority 120
[Z-CS-1-vlanif200]vrrp vrid 200 virtual-ip 172.16.6.195
[Z-CS-1-vlanif200]vrrp vrid 200 priority 120
```

Z-CS-2 配置：

```
[Z-CS-2-vlanif4]vrrp vrid 4 virtual-ip 172.16.4.1
[Z-CS-2-vlanif5]vrrp vrid 5 virtual-ip 172.16.6.1
[Z-CS-2-vlanif200]vrrp vrid 200 virtual-ip 172.16.6.195
```

任务测试：

1．用 Ping 命令检查连通性

PC1 Ping PC2 可以互通。

2．在 2 台核心交换机上查看 VRRP 状态和配置信息

```
[Z-CS-1] display vrrp statistics
[Z-CS-2] display vrrp statistics
```

3．断开 Z-CS-1 与 Test 之间的连线并用 Ping 命令检查连通性

PC1 Ping PC2 可以互通。

4．再查看 VRRP 状态和配置信息

```
[Z-CS-1] display vrrp statistics
[Z-CS-2] display vrrp statistics
```

比较 Z-CS-1 与 Test 之间的连线断开前后 VRRP 的状态，观察并记录两种情况下 VRRP 状态的不同点。

19.4　网络安全技术的实现

19.4.1　DHCP 的配置与实现

任务目标：

通过 DHCP 的配置，使总部中所有主机都可以自动获取 IP 地址。

任务拓扑图：

DHCP 配置拓扑如图 19-37 所示。

Z-R 作为 DHCP Server，Z-CS-A 作为 DHCP Relay，地址池为 172.16.4.0/23。

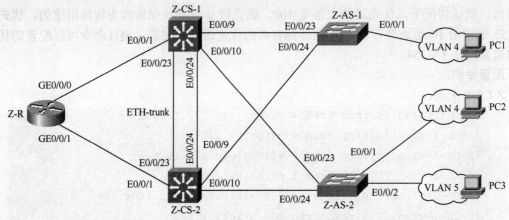

图 19-37　DHCP 配置拓扑图

任务实施流程：

DHCP 配置流程如图 19-38 所示。

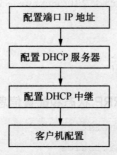

配置端口 IP 地址

配置 DHCP 服务器

配置 DHCP 中继

客户机配置

图 19-38　DHCP 配置流程

任务实施步骤：

1. 按拓扑图配置端口 IP

配置参照任务二的子任务五。

2. 配置 DHCP 服务器

```
[Z-R]dhcp enable        //使能 DHCP 功能
[Z-R]ip pool 1          //创建 DHCP 地址池
[Z-R-ip-pool-1]network 172.16.4.0 mask 255.255.254.0    //指明地址池地
址范围
[Z-R-ip-pool-1]gateway-list 172.16.4.1   //指明服务器网管地址
[Z-R-ip-pool-1]excluded-ip-address 172.16.4.2 172.16.4.3
```

[Z-R-GigabitEthernet0/0/0]dhcp select global　//使能端口的 DHCP 服务功能，指定从全
//局地址池分配地址。

3. 配置 DHCP 中继

```
[Z-CS-1]dhcp enable
[Z-CS-1] dhcp server group 1  //创建一个 DHCP 服务器组
```

```
    [Z-CS-1-dhcp-server-group-1]dhcp-server 172.16.6.226   // DHCP 服务器组中添
加 DHCP 服务器
    [Z-CS-1]interface VLANif 4
    [Z-CS-1-VLANif4] dhcp select relay         //使能 DHCP Relay 功能
    [Z-CS-1-VLANif4] dhcp relay server-select 1 //配置 DHCP 中继所对应的 DHCP 服务器组
```

4．客户机配置

Z-CS-2：

```
    [Z-CS-2 ]dhcp enable
    [Z-CS-2]interface VLANif4
    [Z-CS-2-VLANif4]ip address dhcp-alloc
```

各 PC 地址获取方式设置为自动获取。

任务测试：

PC 可自动获取 IP 地址，在 cmd 窗口使用 ipconfig /all 命令查看，如图 19-39 所示。

图 19-39　PC 自动获取 IP 地址

19.4.2　防火墙 NAT 的配置与实现

任务目标：

在防火墙上启动 NAT，利用唯一的公网 IP 提供端口复用，保证全公司内网用户可通过一个 IP 地址访问 Internet。防火墙上配置 NAT Server，保证来自 Internet 的访客可以访问到 Web Server。

任务拓扑图：

防火墙 NAT 配置拓扑如图 19-40 所示。

任务实施流程图：

防火墙 NAT 配置流程如图 19-41 所示。

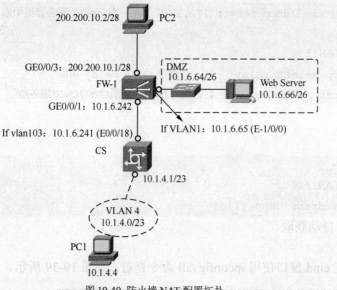

图 19-40　防火墙 NAT 配置拓扑　　　　图 19-41　防火墙 NAT 配置流程

任务实施步骤：

1. 按照拓扑图配置 IP 地址

配置请参照前面的内容。

2. 将 Eudemon 各端口加入相应的安全区域

```
[Eudemon] firewall zone trust
[Eudemon-zone-trust] add interface vlanif 2
[Eudemon] firewall zone untrust
[Eudemon-zone-untrust] add interface vlanif 3
[Eudemon] firewall zone DMZ
[Eudemon-zone-DMZ] add interface vlanif 1
```

3. 开启域间包过滤规则

```
[Eudemon] firewall packet-filter default permit all
```

4. 配置应用于 Trust-Untrust 域间的 NAT 地址池

```
[Eudemon] nat address-group 1 200.1.1.1 200.1.1.1
```

5. 配置 NAT outbound

```
[Eudemon] nat-policy interzone trust untrust outbound
[Eudemon-nat-policy-interzone-trust-untrust-outbound] policy 1
[Eudemon-nat-policy-interzone-trust-untrust-outbound-1]  policy source
172.16.4.0 0.0.3.255
[Eudemon-nat-policy-interzone-trust-untrust-outbound-1] action source-nat
[Eudemon-nat-policy-interzone-trust-untrust-outbound-1]      address-
group 1
```

6. 配置 NAT Server

```
[Eudemon] at server 0 zone untrust global 200.200.172.16 inside 172.16.6.66
```

7. 配置静态路由

配置参照任务二的子任务三。

任务测试：

1. 用 Ping 命令检查连通性

PC1 能够 Ping 通 PC2，PC2 能够 Ping 通 Z-FW-1 直连端口。

2. 在防火墙上查看相应 NAT 转换表

```
[Eudemon]disaplay firewall session table
```

19.5 广域网知识实践

19.5.1 HDLC 互连的配置与实现

任务目标：

通过 HDLC 方式实 0 现 F1-R 和 Z-R 2 台路由器互连。

任务拓扑图：

HDLC 配置拓扑如图 19-42 所示。

任务实施流程：

HDLC 配置流程如图 19-43 所示。

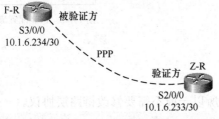

图 19-42 HDLC 配置拓扑

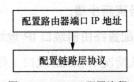

图 19-43 HDLC 配置流程

任务实施步骤：

配置路由器端口 IP 地址及链路层协议，默认情况下 Serial 端口工作在 PPP 模式，所以需要修改为 HDLC。

```
[F1-R]interface Serial 3/0/0
[F1-R -Serial3/0/0]ip address 172.16.6.234 30
[F1-R -Serial3/0/0]link-protocol hdlc
[Z-R]interface Serial 2/0/0
[Z-R -Serial2/0/0]ip address 172.16.6.233 30
[Z-R -Serial2/0/0]link-protocol hdlc
```

任务测试：

配置完成后，F1-R 和 Z-R 能够互相 Ping 通。

```
[F1-R] ping 172.16.6.233
PING 172.16.6.233: 56  data bytes, press CTRL_C to break
Reply from 172.16.6.233: bytes=56 Sequence=1 ttl=255 time=1 ms
Reply from 172.16.6.233: bytes=56 Sequence=2 ttl=255 time=1 ms
Reply from 172.16.6.233: bytes=56 Sequence=3 ttl=255 time=1 ms
Reply from 172.16.6.233: bytes=56 Sequence=4 ttl=255 time=1 ms
Reply from 172.16.6.233: bytes=56 Sequence=5 ttl=255 time=1 ms
```

19.5.2 PPP 互连的配置与实现

任务目标：

通过 PPP 方式连接 F1-R 和 Z-R 2 台路由器，同时进行 PAP/CHAP 认证，其中路由器 Z-R 作为认证方，F1-R 作为被认证方。

任务拓扑图：

PPP 配置拓扑如图 19-44 所示。

任务实施流程：

PPP 配置流程如图 19-45 所示。

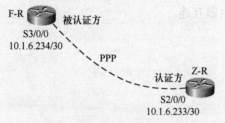

图 19-44　PPP 配置拓扑

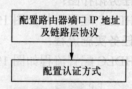

图 19-45　PPP 配置流程

任务实施步骤：

1. 配置路由器端口 IP 地址及链路层协议

默认情况下 Serial 端口工作在 PPP 模式，所以一般不需要修改链路层协议。

```
[F1-R]interface Serial 3/0/0
[F1-R -Serial3/0/0]ip address 172.16.6.234 30
[F1-R -Serial3/0/0] link-protocol ppp        //该配置为默认配置
[Z-R]interface Serial 2/0/0
[Z-R -Serial2/0/0]ip address 172.16.6.233 30
[Z-R -Serial2/0/0] link-protocol ppp
```

2. 配置认证（可选）

PPP 在建立连接时可以选择进行认证，在本例中 Z-R 作为认证方，用户信息保存在本地，要求 F1-R 对其进行 PAP/CHAP 认证。在路由器 Z-R 上创建本地用户及域并配置端口 PPP 认证方式为 PAP/CHAP，认证域为 test。

```
[Z-R] aaa
[Z-R-aaa] local-user user1@test password simple huawei    //在本地创
```

建用户//user1@test,并设置密码为 huawei，其中 test 实为用户所在域名

```
[Z-R-aaa] local-user user1@test service-type ppp    //设置用户服务类型为 PPP

[Z-R-aaa] authentication-scheme system_a    //创建一个认证模板 system_a

[Z-R-aaa-authen-system_a] authentication-mode local    //在该模板中设置认证时使用
```
本地认证
```
[Z-R-aaa-authen-system_a] quit

[Z-R-aaa] domain test                           //创建一个认证域 test

[Z-R-aaa-domain-test] authentication-scheme system_a  //在域中引用之
```
前创建的认证模板 system_a
```
[Z-R-aaa-domain-test] quit

[Z-R]interface Serial 2/0/0

[Z-R-serial2/0/0] ppp authentication-mode pap domain test       //设置端口
```
PPP 认证方式为 PAP 且按照 test 域配置进行本地认证
```
[Z-R-serial2/0/0] quit
```

如果使用 CHAP 方式认证的话，以上端口配置为：
```
[Z-R]interface Serial 2/0/0

[Z-R-serial2/0/0] ppp authentication-mode chap domain test

[Z-R-serial2/0/0] quit
```

在路由器 **F1-R** 上配置作为本地被认证方，在 **Z-R** 上验证时需要发送的用户名和密码：
```
[F1-R]interface Serial 3/0/0

[F1-R-serial3/0/0] ppp pap local-user user1@test password simple
huawei                          //端口以 PAP 方式被认证

[F1-R]interface Serial 3/0/0

[F1-R-serial3/0/0] ppp chap local-user user1@test password simple
huawei                          //端口以 CHAP 方式被认证
```

任务测试：

在路由器 Z-R 上通过命令 display interface serial 2/0/0 查看端口的配置信息，端口的物理层和链路层的状态都是 Up 状态，并且 PPP 的 LCP 和 IPCP 都是 Opened 状态，说明链路的 PPP 协商已经成功。

19.5.3 帧中继协议简单业务的配置与实现

任务目标：

通过帧中继协议方式互联 F2-R 和 Z-R 2 台路由器实现 IP 层互通。

任务拓扑图：

帧中继协议互连配置拓扑如图 19-46 所示。

任务实施流程：

帧中继协议互连配置流程如图 19-47 所示。

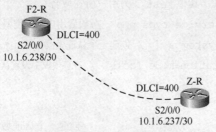

图 19-46 帧中继协议互连配置拓扑

图 19-47　帧中继协议互连配置流程

任务实施步骤：

1. 配置路由器 F2-R 的端口 IP 地址及链路层协议

```
[F2-R interface serial 2/0/0
[F2-R-Serial2/0/0] ip address 172.16.6.238  255.255.255.252
[F2-R-Serial2/0/0] link-protocol fr     //配置端口封装类型为帧中继协议链路协议
[F2-R-Serial2/0/0] fr interface-type dte       //配置端口类型为 DTE
[F2-R-Serial2/0/0] fr dlci 400    //配置本地 DLCI 号
[F2-R-fr-dlci-Serial2/0/0:0-400] quit
```

如果对端路由器支持逆向地址解析功能，则配置动态地址映射，否则配置静态地址映射。

```
[F2-R-Serial2/0/0] fr inarp  //配置动态地址映射
[F2-R-Serial2/0/0] fr map ip 172.16.6.237 400   '//配置静态地址映射//
```

2. 配置路由器 Z-R 端口 IP 及链路层协议

```
[Z-R] interface serial 2/0/0
[Z-R-Serial2/0/0] ip address 172.16.6.237  255.255.255.252
[Z-R-Serial2/0/0] link-protocol fr
[Z-R-Serial2/0/0] fr interface-type dce
[Z-R-Serial2/0/0] fr dlci 400     //配置本地 DLCI 号
```

如果对端路由器支持逆向地址解析功能，则配置动态地址映射，否则配置静态地址映射。

```
[Z-R-Serial1/0/0] fr inarp   //配置动态地址映射
```

任务测试：

1. 在路由器 Z-R 上查看帧中继协议映射信息

```
<Z-R>dis fr map-info
Map Statistics for interface Serial2/0/0 (DCE)
DLCI = 400, IP INARP 172.16.6.238, Serial1/0/0
create time = 2011/08/14 15:52:37, status = ACTIVE
encapsulation = ietf, vlink = 3, broadcast
```

以上信息表示帧中继协议端口通过动态地址映射到了对端的 DLCI，双方可以通信。

2. 连通性检查

在 Z-R 上 Ping F2-R 端口 IP 地址可以 Ping 通。

附录

路由与交换技术命令集

1. 华为交换机/路由器常用命令

```
<Quidway>system-view                              //进入系统视图
[Quidway]quit                                      //返回上级视图
[Quidway-Ethernet0/0/1]return                      //返回用户视图
[Quidway]sysname SWITCH                            //更改设备名
[Quidway]display version                           //查看系统版本
<Quidway>display current-configuration             //查看当前配置
<Quidway>display saved-configuration               //查看已保存配置
<Quidway>save                                      //保存当前配置
<Quidway>reset saved-configuration                 //清除保存的配置（需重启设
备才有效）
<Quidway>reboot                                    //重启设备
[Quidway-Ethernet0/0/1]display this                //查看当前视图配置
[Quidway]interface Ethernet0/0/1                   //进入端口
[Quidway]display interface Ethernet 0/0/           //查看特定端口信息
[Quidway]display ip interface brief                //路由器配置查看端口简要信息
[Quidway]display interface brief                   //交换机配置查看端口简要信息
[Quidway]stp mode stp                              //将 STP 的模式设置成 802.1d
标准的 STP
[Quidway] stp enable                               //在交换机上开启 STP 功能
[Quidway] stp root primary                         //配置交换机优先级值为 0，
即最优先
[Quidway] stp root secondary                       //配置交换机优先级值为
4096，即比 0 低一个级别
[Quidway] vlan vlan-id  //创建 VLAN，进入 VLAN 视图，VLAN ID 的范围为
1~4096
[Quidway-Ethernet0/0/1]port link-type access       //配置本端口为 Access 端口
[Quidway-Ethernet0/0/1]port default vlan 10  //把端口添加到 VLAN 10
[Quidway-Ethernet0/0/23]port link-type trunk  //配置本端口为 Trunk 端口
[Quidway-Ethernet0/0/23]port trunk allow-pass vlan 10 20    //本端口
```

允许 VLAN 10 和 VLAN 20 通过

    [Quidway] interface Eth-Trunk1　　　　　　　　　　//创建端口聚合组 Eth-Trunk 1，进入 Eth-Trunk 端口组 1 的视图

    [Quidway-Ethernet0/0/1]eth-trunk 1　　　　　　　//将物理端口 Ethernet0/0/1 加入 Eth-Trunk 1

    [Quidway] interface GigabitEthernet 0/0.5　　//在物理端口 GigabitEthernet 0/0 创建子接口 GigabitEthernet 0/0.5

    [Quidway-GigabitEthernet0/0.5] vlan-type dot1q vid 5　//在子接口 GigabitEthernet 0/0.5 设置封装类型为 dot1q，封装的 VLAN ID 为 5

    [Quidway] interface vlanif 5　　　　　　　//在交换机上创建 VLANIF 接口 VLANIF 5，并进入 VLANIF 视图

    [Quidway-vlan-interface 5]ip address 10.1.1.1 24　　　　//给 VLANIF 5 分配 IP 地址

    [Quidway] rip　　　　　　　　　　　　　　　　　　//启动 RIP

    [Quidway-rip-1]network 192.168.1.0　　　　//在指定网段使能 RIP

    [Quidway-Ethernet0/0]rip version 2　　　　//在端口 Ethernet0/0 使能 RIPv2

    [Quidway] ospf 1　　　　　　　　　　　　　　//进入 OSPF 路由配置模式，进程号为 1

    [Quidway-ospf-1]Area0　　　　　　　　　　　//创建骨干区域 Area0

    [Quidway-ospf-1-area-0.0.0.0]network 192.168.1.0　0.0.0.255　//将 192.168.1.0/24 网段加入 OSPF 骨干域 Area0

    [Quidway-ospf-1]import-route direct　　　//把直连路由引入到 OSPF 中

    [Quidway-Serial1/0/0]link-protocol hdlc　//设置路由器端口 Serial 1/0/0 工作在 HDLC 模式

    [Quidway-Serial1/0/0] link-protocol fr　//配置端口封装类型为帧中继协议链路协议

    [Quidway-Serial1/0/0] fr interface-type dte　//配置端口类型为 DTE

    [Quidway-Serial1/0/0] fr dlci 100　　　//配置本地 DLCI 号

    [Quidway] firewall enable　　　　　　　//在路由器上打开防火墙功能

    [Quidway] firewall default permit　　　//设置防火墙默认过滤方式为允许包通过

    [Quidway] acl number 3001 match-order auto　//创建编号为 3001 的扩展 ACL，采用自动匹配

    [Quidway-acl-adv-3001]　rule　permit　ip　source　10.1.7.66　0 destination 20.1.1.2　0　//允许源地址为 10.1.7.66 的数据访问目的地址 20.1.1.2

    [Quidway-acl-adv-3001]　rule　deny　ip　source　10.1.7.66　0 destination 20.1.1.2　0　//拒绝源地址为 10.1.7.66 的数据访问目的地址 20.1.1.2

    [Quidway] dhcp enable　　　　　　　　//使能 DHCP 功能

    [Quidway] ip pool 1　　　　　　　　　//创建 DHCP 地址池 1

```
    [Quidway-ip-pool-1]network 10.5.1.0 mask 255.255.255.0    //指明地址
池地址范围为 10.5.1.0/24 网段
```

2. 中兴交换机/路由器常用命令

（1）修改用户名和密码

```
    zte(cfg)#hostname  test
    test(cfg)#loginpass XXXXXX
```

（2）端口详细配置

端口状态

```
    test(cfg)#set port 2-24 disable                 //将 2-24 号端口关闭
    test(cfg)#set port 2-24 enable                  //将 2-24 号端口开启
```

端口流量控制

```
    test(cfg)#set port 2-24 flowcontrol disable     //将 2-24 号端口的流量
控制关闭
    test(cfg)#set port 2-24 flowcontrol enable      //将 2-24 号端口的流量
控制开启
```

端口限速

```
    test(cfg)# set port 2-24 bandwidth ingress on rate 512  //将 2-24 号
端口的上传限速为 512k
    test(cfg)# set port 2-24 bandwidth egress on rate 2048  //将 2-24 号
端口的下载限速为 2M
```

端口镜像

```
    test(cfg)#set mirror add/delete dest-port 24 ingress/egress
// 添加/删除 24 号端口为监控端口
    test(cfg)#set  mirror  add/delete  source-port  23  ingress/egress
// 添加/删除 23 号端口接收/发送的数据包为镜像源端口
```

（3）配置设备管理地址

```
    test(cfg)#config router
    test (cfg-router)#set ipport 1 ipaddress 192.168.7.3 255.255.255.0
    test (cfg-router)#set ipport 1 vlan 11          //将设备的管理地址和管理
VLAN 绑定
    test (cfg-router)#set ipport 1 enable
    test (cfg-router)#iproute 0.0.0.0 0.0.0.0 192.168.7.1
```

（4）配置端口 VLAN

```
    test(cfg)#set vlan 10 enable                    //管理 VLAN 10 由技术部统
一规划提供
    test(cfg)#set vlan 11 enable                    //管理 VLAN 11 由技术部统一
规划提供
    test(cfg)#set vlan 10 add port 24 untag
    test(cfg)#set port 24 pvid 10                   //直连 PC 端口除设置 Untag 模式外,
```

还要给端口设置 pvid

```
test(cfg)#set vlan 10 add port 1-23 tag
test(cfg)#set vlan 11 add port 1-23 tag
test(cfg)#set vlan 11 add port 1
```

（5）打开 Web 管理（根据实际情况，看是否打开 Web 管理功能）

```
test(cfg)# set web enable
```

（5）保存配置

```
test(cfg)#saveconfig
```

（6）常用查看命令

```
test(cfg)#show running-config        //显示交换机当前的配置
test(cfg)#show start-config          //显示交换机最后一次保存时的配置
test(cfg)#show cpu                   //显示交换机当前的 CPU 使用率
test(cfg)#show mirror                //显示交换机端口镜像的配置
test(cfg)#show fdb port 2 detail     //显示交换机 2 号端口的 MAC 地址
```
信息

```
test(cfg)#show fdb mac xx.xx.xx.xx.xx.xx //根据已知 MAC 地址查看在哪个
```
端口

（7）系统版本升级

```
    系统正常时候的版本升级
test(cfg)#set vlan 11 add port 23 untag
test(cfg)#set port 23 pvid 11          //将 23 号端口设置为可以和 PC 直
```
连互通的端口

```
test(cfg)#config tffs
test(cfg-tffs)#remove kernel.z         //删除旧版本文件
test(cfg-tffs)#tftp 192.168.7.10 download kernel.z   //从 TFTP 服
```
务器 192.168.7.10 上下载新版本文件

3．思科交换机/路由器常用命令

（1）在基于 IOS 的交换机上设置主机名/系统名

```
switch(config)# hostname hostname
```
在基于 CLI 的交换机上设置主机名/系统名
```
switch(enable) set system name name-string
```

（2）在基于 IOS 的交换机上设置登录口令

```
switch(config)# enable password level 1 password
```
在基于 CLI 的交换机上设置登录口令
```
switch(enable) set password
switch(enable) set enalbepass
```

（3）在基于 IOS 的交换机上设置远程访问

```
switch(config)# interface vlan 1
switch(config-if)# ip address ip-address netmask
```

```
switch(config-if)# ip default-gateway ip-address
```

在基于 CLI 的交换机上设置远程访问

```
switch(enable) set interface sc0 ip-address netmask broadcast-
address
switch(enable) set interface sc0 vlan
switch(enable) set ip route default gateway
```

（4）在基于 IOS 的交换机上启用和浏览 CDP 信息

```
switch(config-if)# cdp enable
switch(config-if)# no cdp enable
```

查看 Cisco 邻接设备的 CDP 通告信息

```
switch# show cdp interface [type modle/port]
switch# show cdp neighbors [type module/port] [detail]
```

在基于 CLI 的交换机上启用和浏览 CDP 信息

```
switch(enable) set cdp {enable|disable} module/port
```

查看 Cisco 邻接设备的 CDP 通告信息

```
switch(enable) show cdp neighbors[module/port] [vlan|duplex|
capabilities|detail]
```

（5）基于 IOS 的交换机的端口描述

```
switch(config-if)# description description-string
```

基于 CLI 的交换机的端口描述

```
switch(enable)set port name module/number description-string
```

（6）在基于 IOS 的交换机上设置端口速度

```
switch(config-if)# speed{10|100|auto}
```

在基于 CLI 的交换机上设置端口速度

```
switch(enable) set port speed moudle/number {10|100|auto}
switch(enable) set port speed moudle/number {4|16|auto}
```

（7）在基于 IOS 的交换机上设置以太网的链路模式

```
switch(config-if)# duplex {auto|full|half}
```

在基于 CLI 的交换机上设置以太网的链路模式

```
switch(enable) set port duplex module/number {full|half}
```

（8）在基于 IOS 的交换机上配置静态 VLAN

```
switch# vlan database
switch(vlan)# vlan vlan-num name vla
switch(vlan)# exit
switch# configure teriminal
switch(config)# interface interface module/number
switch(config-if)# switchport mode access
switch(config-if)# switchport access vlan vlan-num
switch(config-if)# end
```

在基于 CLI 的交换机上配置静态 VLAN

```
switch(enable) set vlan vlan-num [name name]
switch(enable) set vlan vlan-num mod-num/port-list
```

（9）在基于 IOS 的交换机上配置 VLAN 中继线

```
switch(config)# interface interface mod/port
switch(config-if)# switchport mode trunk
switch(config-if)# switchport trunk encapsulation {isl|dotlq}
switch(config-if)# switchport trunk allowed vlan remove vlan-list
switch(config-if)# switchport trunk allowed vlan add vlan-list
```

在基于 CLI 的交换机上配置 VLAN 中继线

```
switch(enable) set trunk module/port [on|off|desirable| auto|none
gotiate]
    Vlan-range [isl|dotlq|dotl0|lane|negotiate]
```

（10）在基于 IOS 的交换机上配置 VTP 管理域

```
switch# vlan database
switch(vlan)# vtp domain domain-name
```

在基于 CLI 的交换机上配置 VTP 管理域

```
switch(enable) set vtp [domain domain-name]
```

（11）在基于 IOS 的交换机上配置 VTP 模式

```
switch# vlan database
switch(vlan)# vtp domain domain-name
switch(vlan)# vtp {sever|cilent|transparent}
switch(vlan)# vtp password password
```

在基于 CLI 的交换机上配置 VTP 模式

```
switch(enable) set vtp [domain domain-name] [mode{ sever|cilent|
transparent }][password password]
```

（12）在基于 IOS 的交换机上配置 VTP 版本

```
switch# vlan database
switch(vlan)# vtp v2-mode
```

在基于 CLI 的交换机上配置 VTP 版本

```
switch(enable) set vtp v2 enable
```

（13）在基于 IOS 的交换机上启动 VTP 剪裁

```
switch# vlan database
switch(vlan)# vtp pruning
```

在基于 CL I 的交换机上启动 VTP 剪裁

```
switch(enable) set vtp pruning enable
```

（14）在基于 IOS 的交换机上配置以太信道

```
switch(config-if)# port group group-number [distribution {source|
destination}]
```

在基于 CLI 的交换机上配置以太信道

```
switch(enable) set port channel moudle/port-range mode{on|off|
```

```
desirable|auto}
```

（15）在基于 IOS 的交换机上调整根路径成本

```
switch(config-if)# spanning-tree [vlan vlan-list] cost cost
```

在基于 CLI 的交换机上调整根路径成本

```
switch(enable) set spantree portcost moudle/port cost
switch(enable) set spantree portvlancost moudle/port [cost cost]
[vlan-list]
```

（16）在基于 IOS 的交换机上调整端口 ID

```
switch(config-if)#    spanning-tree[vlan    vlan-list]port-priority
port-priority
```

在基于 CLI 的交换机上调整端口 ID

```
switch(enable) set spantree portpri {mldule/port}priority
switch(enable) set spantree portvlanpri {module/port}priority [vlans]
```

（17）在基于 IOS 的交换机上修改 STP 时钟

```
switch(config)# spanning-tree [vlan vlan-list] hello-time seconds
switch(config)# spanning-tree [vlan vlan-list] forward-time seconds
switch(config)# spanning-tree [vlan vlan-list] max-age seconds
```

在基于 CLI 的交换机上修改 STP 时钟

```
switch(enable) set spantree hello interval[vlan]
switch(enable) set spantree fwddelay delay [vlan]
switch(enable) set spantree maxage agingtiame[vlan]
```

（18）在基于 IOS 的交换机端口上启用或禁用 Port Fast 特征

```
switch(config-if)#spanning-tree portfast
```

在基于 CLI 的交换机端口上启用或禁用 Port Fast 特征

```
switch(enable) set spantree portfast {module/port}{enable|disable}
```

（19）在基于 IOS 的交换机端口上启用或禁用 UplinkFast 特征

```
switch(config)# spanning-tree uplinkfast [max-update-rate pkts-per
-second]
```

在基于 CLI 的交换机端口上启用或禁用 UplinkFast 特征

```
switch(enable) set spantree uplinkfast {enable|disable}[rate update-rate]
[all-protocols off|on]
```

（20）为了将交换机配置成一个集群的命令交换机，首先要给管理接口分配一个 IP 地址，然后使用下列命令

```
switch(config)# cluster enable cluster-name
```

（21）为了从一条中继链路上删除 VLAN，可使用下列命令

```
switch(enable) clear trunk module/port vlan-range
```

（22）用 show vtp domain 显示管理域的 VTP 参数

（23）用 show vtp statistics 显示管理域的 VTP 参数

（24）在 Catalyst 交换机上定义 TrBRF

```
switch(enable) set vlan vlan-name [name name] type trbrf bridge bridge-
```

```
num[stp {ieee|ibm}]
```

（25）在 Catalyst 交换机上定义 TrCRF

```
switch (enable) set vlan vlan-num [name name] type trcrf

{ring hex-ring-num|decring decimal-ring-num} parent vlan-num
```

（26）在创建好 TrBRF VLAN 之后，就可以给它分配交换机端口。对于以太网交换，可以使用如下命令给 VLAN 分配端口

```
switch(enable) set vlan vlan-num mod-num/port-num
```

（27）命令 show spantree 显示一个交换机端口的 STP 状态

（28）配置一个 ELAN 的 LES 和 BUS，可以使用下列命令

```
ATM (config)# interface atm number.subint multioint

ATM(config-subif)# lane serber-bus ethernet elan-name
```

（29）配置 LECS

```
ATM(config)# lane database database-name

ATM(lane-config-databade)# name elan1-name server-atm-address les1-
nsap-address

ATM(lane-config-databade)# name elan2-name server-atm-address les2-
nsap-address

ATM(lane-config-databade)# name …
```

（30）创建完数据库后，必须在主接口上启动 LECS

```
ATM(config)# interface atm number

ATM(config-if)# lane config database database-name

ATM(config-if)# lane config auto-config-atm-address
```

（31）将每个 LEC 配置到一个不同的 ATM 子接口上

```
ATM(config)# interface atm number.subint multipoint

ATM(config)# lane client ethernet vlan-num elan-num
```

（32）用 show lane server 显示 LES 的状态

（33）用 show lane bus 显示 bus 的状态

（34）用 show lane database 显示 LECS 数据库内容

（35）用 show lane client 显示 LEC 的状态

（36）用 show module 显示已安装的模块列表

（37）用物理接口建立与 VLAN 的连接

```
router# configure terminal

router(config)# interface media module/port

router(config-if)# description description-string

router(config-if)# ip address ip-addr subnet-mask

router(config-if)# no shutdown
```

（38）用中继链路来建立与 VLAN 的连接

```
router(config)# interface module/port.subinterface

router(config-ig)# encapsulation[isl|dotlq] vlan-number

router(config-if)# ip address ip-address subnet-mask
```

（39）用 LANE 来建立与 VLAN 的连接

```
router(config)# interface atm module/port
router(config-if)# no ip address
router(config-if)# atm pvc 1 0 5 qsaal
router(config-if)# atm pvc 2 0 16 ilni
router(config-if)# interface atm module/port.subinterface multipoint
router(config-if)# ip address ip-address subnet-mask
router(config-if)# lane client ethernet elan-num
router(config-if)# interface atm module/port.subinterface multipoint
router(config-if)# ip address ip-address subnet-name
router(config-if)# lane client ethernet elan-name
router(config-if)# …
```

（40）为了在路由处理器上进行动态路由配置，可以用下列 IOS 命令来进行

```
router(config)# ip routing
router(config)# router ip-routing-protocol
router(config-router)# network ip-network-number
router(config-router)# network ip-network-number
```

（41）配置默认路由

```
switch(enable) set ip route default gateway
```

（42）为一个路由处理器分配 VLANID，可在接口模式下使用下列命令

```
router(config)# interface interface number
router(config-if)# mls rp vlan-id vlan-id-num
```

（43）在路由处理器启用 MLSP

```
router(config)# mls rp ip
```

（44）把一个外置的路由处理器接口和交换机安置在同一个 VTP 域中

```
router(config)# interface interface number
router(config-if)# mls rp vtp-domain domain-name
```

（45）查看指定的 VTP 域的信息

```
router# show mls rp vtp-domain vtp domain name
```

（46）要确定 RSM 或路由器上的管理接口，可以在接口模式下输入下列命令

```
router(config-if)#mls rp management-interface
```

（47）要检验 MLS-RP 的配置情况

```
router# show mls rp
```

（48）检验特定接口上的 MLS 配置

```
router# show mls rp interface interface number
```

（49）在 MLS-SE 上设置流掩码而又不想在任一个路由处理器接口上设置访问列表

```
set mls flow [destination|destination-source|full]
```

（50）为使 MLS 和输入访问列表可以兼容，可以在全局模式下使用下列命令

```
router(config)# mls rp ip input-acl
```

（51）当某个交换机的第三层交换失效时，可在交换机的特权模式下输入下列命令

```
switch(enable) set mls enable
```

（52）若想改变老化时间的值，可在特权模式下输入以下命令

```
switch(enable) set mls agingtime agingtime
```

（53）设置快速老化

```
switch(enable) set mls agingtime fast fastagingtime pkt_threshold
```

（54）确定哪些 MLS-RP 和 MLS-SE 参与了 MLS，可先显示交换机引用列表中的内容再确定

```
switch(enable) show mls include
```

（55）显示 MLS 高速缓存记录

```
switch(enable) show mls entry
```

（56）用命令 show in arp 显示 ARP 高速缓存区的内容

（57）要把路由器配置为 HSRP 备份组的成员，可以在接口配置模式下使用下面的命令

```
router(config-if)# standby group-number ip ip-address
```

（58）为了使一个路由器重新恢复转发路由器的角色，在接口配置模式下

```
router(config-if)# standy group-number preempt
```

（59）访问时间和保持时间参数是可配置的

```
router(config-if)# standy group-number timers hellotime holdtime
```

（60）配置 HSRP 跟踪

```
router(config-if)# standy group-number track type-number interface -
priority
```

（61）显示 HSRP 路由器的状态

```
router# show standby type-number group brief
```

（62）用命令 show ip igmp 确定当选的查询器

（63）启动 IP 组播路由选择

```
router(config)# ip muticast-routing
```

（64）启动接口上的 PIM

```
dalllasr1>(config-if)# ip pim {dense-mode|sparse-mode|sparse-dense-mode}
```

（65）启动稀疏-稠密模式下的 PIM

```
router# ip multicast-routing
router# interface type number
router# ip pim sparse-dense-mode
```

（66）核实 PIM 的配置

```
dalllasr1># show ip pim interface[type number] [count]
```

（67）显示 PIM 邻居

```
dalllasr1># show ip neighbor type number
```

（68）配置 RP 的地址

```
dalllasr1># ip pim rp-address ip-address [group-access-list-number]
[override]
```

（69）选择一个默认的 RP

```
dalllasr1># ip pim rp-address
```

通告 RP 和它所服务的组范围

```
dallasr1># ip pim send-rp-announce type number scope ttl group-list
access-list-number
```

管理范围组通告 RP 的地址

```
dallasr1># ip pim send-rp-announce ethernet0 scope 16 group-list1
dallasr1># access-list 1 permit 266.0.0.0 0.255.255.255
```

设定一个 RP 映像代理

```
dallasr1># ip pim send-rp-discovery scope ttl
```

核实组到 RP 的映像

```
dallasr1># show ip pim rp mapping
dallasr1># show ip pim rp [group-name|group-address] [mapping]
```

（70）在路由器接口上用命令 ip multicast ttl-threshold ttl-value 设定 TTL 阀值

```
dallasr1>(config-if)# ip multicast ttl-threshold ttl-value
```

（71）　用 show ip pim neighbor 显示 PIM 邻居表

（72）显示组播通信路由表中的各条记录

```
dallasr1>show ip mroute [group-name|group-address] [scoure] [summary]
[count][active kbps]
```

（73）记录一个路由器接受和发送的全部 IP 组播包

```
dallasr1> #debug ip mpacket [detail] [access-list][group]
```

（74）在 CISCO 路由器上配置 CGMP

```
dallasr1>(config-if)# ip cgmp
```

（75）配置一个组播路由器，使之加入某一个特定的组播组

```
dallasr1>(config-if)# ip igmp join-group group-address
```

（76）关闭 CGMP

```
dallasr1>(config-if)# no ip cgmp
```

（77）启动交换机上的 CGMP

```
dallasr1>(enable) set cgmp enable
```

（78）核实 Catalyst 交换机上 CGMP 的配置情况

```
catalystla1>(enable) show config
set prompt catalystla1>
set interface sc0 192.168.1.1 255.255.255.0
set cgmp enable
```

（79）CGMP 离开的设置

```
Dallas_SW(enable) set cgmp leave
```

（80）在 Cisco 设备上修改控制端口密码

```
R1(config)# line console 0
R1(config-line)# login
R1(config-line)# password Lisbon
R1(config)# enable password Lilbao
R1(config)# login local
```

```
R1(config)# username student password cisco
```

（81）在 Cisco 设备上设置控制台及 vty 端口的会话超时

```
R1(config)# line console 0
R1(config-line)# exec-timeout 5 10
R1(config)# line vty 0 4
R1(config-line)# exec-timeout 5 2
```

（82）在 Cisco 设备上设定特权级

```
R1(config)# privilege configure level 3 username
R1(config)# privilege configure level 3 copy run start
R1(config)# privilege configure level 3 ping
R1(config)# privilege configure level 3 show run
R1(config)# enable secret level 3 cisco
```

（83）使用命令 privilege 可定义在该特权级下使用的命令

```
router(config)# privilege mode level level command
```

（84）设定用户特权级

```
router(config)# enable secret level 3 dallas
router(config)# enable secret san-fran
router(config)# username student password cisco
```

（85）标志设置与显示

```
R1(config)# banner motd 'unauthorized access will be prosecuted!'
```

（86）设置 vty 访问

```
R1(config)# access-list 1 permit 192.168.2.5
R1(config)# line vty 0 4
R1(config)# access-class 1 in
```

（87）配置 HTTP 访问

```
Router3(config)# access-list 1 permit 192.168.10.7
Router3(config)# ip http sever
Router3(config)# ip http access-class 1
Router3(config)# ip http authentication local
Router3(config)# username student password cisco
```

（88）启用 HTTP 访问

```
switch(config)# ip http sever
```

（89）在基于 set 命令的交换机上用 setCL1 启动和核实端口安全

```
switch(enable) set port security mod_num/port_num...enable mac address
switch(enable) show port mod_num/port_num
```

在基于 CiscoIOS 命令的交换机上启动和核实端口安全

```
switch(config-if)# port secure [mac-mac-count maximum-MAC-count]
switch# show mac-address-table security [type module/port]
```

（90）用命令 access-list 在标准通信量过滤表中创建一条记录

```
Router(config)# access-list access-list-number {permit|deny} source-
```

```
address [source-address]
```

（91）用命令 access-list 在扩展通信量过滤表中创建一条记录

```
    Router(config)# access-list access-list-number {permit|deny {protocol|
protocol-keyword}}{source source-wildcard|any}{destination destination -
wildcard|any}[protocol-specific options][log]
```

（92）对于带内路由更新，配置路由更新的最基本的命令格式

```
    R1(config-router)#distribute-list access-list-number|name in [type
number]
```

（93）对于带外路由更新，配置路由更新的最基本的命令格式

```
    R1(config-router)#distribute-list access-list-number|name out
[interface- name] routing-process| autonomous-system-number
```

（94）set snmp 命令选项

```
    set snmp community {read-only|ready-write|read-write-all}[community
_string]
```

（95）set snmp trap 命令格式

```
    set snmp trap {enable|disable}
    [all|moudle|classis|bridge|repeater| auth|vtp|ippermit| vmps| config|
entity|stpx]
    set snmp trap rvcr_addr rcvr_community
```

（96）启用 SNMP chassis 陷阱

```
    Console>(enable) set snmp trap enable chassis
```

（97）启用所有 SNMP chassis 陷阱

```
    Console>(enable) set snmp trap enable
```

（98）禁用 SNMP chassis 陷阱

```
    Console>(enable) set snmp trap disable chassis
```

（99）给 SNMP 陷阱接收表加一条记录

```
    Console>(enable) set snmp trap 192.122.173.42 public
```

（100）show snmp 输出结果

（101）命令 set snmp rmon enable 的输出结果

参 考 文 献

［1］ Mark A.dye Rick McDonald Antoon W.Rufi．思科网络技术学院教程 CCNA Exploration：网络基础知识［M］．北京：人民邮电出版社，2009.03．

［2］ 孙秀英．路由交换技术与应用（第 1 版）［M］．西安：西安科技大学出版社，2009.12．

［3］ 黄国林．计算机网络技术项目化教程［M］．北京：清华大学出版社，2011.04．

［4］ 吴建胜．路由交换技术［M］．北京：人民邮电出版社，2010.06．

［5］ ［美］特南鲍姆．计算机网络（第 4 版）［M］．北京：清华大学出版社，2004.08．